CALLWEY

REGINA STAHL

Vom GLÜCK *mit* PFERDEN *zu leben*

21 FRAUEN
und ihr Traum vom eigenen Stall

MIT FOTOS VON
BRITA SÖNNICHSEN & SONJA TOBIAS

CALLWEY

INHALT

▸ Mit meinem Hannoveraner Fuchswallach ‚Ribadeo'. Wir beide sind Early Birds und lieben unser Morgentraining.

Ich erinnere mich noch, als wäre es gestern gewesen: Meine Eltern fuhren Anfang der 60er-Jahre mit mir, der damals Zwölfjährigen, wie immer in den Sommerferien nach Sylt. Doch diesmal sollte mir ein besonderes Ereignis bevorstehen. Mein Vater hatte beschlossen, nach längerer Pause wieder mit dem Reiten zu beginnen. Und ich sollte ihn dabei begleiten. Oder besser gesagt: auch aufs Pferd steigen. Nun muss ich dazusagen, dass ich ein ausgesprochenes Stadtkind war – in Berlin geboren und aufgewachsen. Pferde sah man mal im Film oder wenn im Fernsehen ein Turnier übertragen wurde, aber in der Realität waren sie weit von mir entfernt. Um mir den Einstieg zu versüßen, bekam ich die damals angesagten Jodhpurhosen, zu denen man Stiefeletten trug, und einen neuen Pulli. Als ich auf dem Weg zum Reitstall in Wenningstedt zaghaft fragte, wie man es wohl fertigbringt, dass ein so großes Tier rechts- oder linksrum geht, lachte mein Vater nur und meinte: „Das wirst du dann schon merken."

Nach der ersten Reitstunde wollte ich nie wieder aufhören. Obwohl sich meine Beine anfühlten, als hätte man sie über eine Tonne gebügelt. Zum ersten Mal in meinem Leben lernte ich, was es bedeutet, Abschiedsschmerz zu empfinden: Schluchzend hing ich gegen Ferienende am Hals meines Lieblingspferdes ‚Bento'. Zurück in Berlin wurde weitergeritten. Ich träumte schnell vom eigenen Pferd, musste aber erst einmal beweisen, dass ich es mit der Reiterei wirklich ernst meinte. Mit 16 war es dann so weit: Ich bekam meinen ersten Wallach, den Trakehner-Fuchs ‚Hanno', der – und damit hatte sich ein weiterer Traum erfüllt – genauso aussah wie der vierbeinige Held aus meinem damaligen Lieblingsbuch „Prusso und Marion" von Felix Lützkendorf. Er wurde zwar als Dressurpferd gekauft, entwickelte aber das größere Talent fürs Springen, zog später mit mir nach Süddeutschland um und begleitete mich unter der Ägide von Siegfried Dehning, dem damaligen Trainer an der Reitakademie München, ziemlich oft erfolgreich zu vielen Turnieren im bayerischen Umland. Mittlerweile war ich ins Berufsleben eingestiegen, arbeitete als Journalistin und musste Prioritäten setzen. Reiten blieb aber nach wie vor mein liebstes Hobby. Und dank der Unterstützung meiner Eltern und später meines Ehemanns Rolf, der mittlerweile leider vom Himmel aus zuschaut, war ich immer in der Lage, eigene Pferde zu haben.

Deshalb bedeutete es für mich eine besondere Herausforderung, als mir der Callwey Verlag anbot, ein Konzept für ein Buch über „Frauen und Pferde" zu entwickeln. Zum Glück bin ich über eigene und weitere Kontakte so gut vernetzt, dass ich eine interessante Gesellschaft von Reiterinnen einladen konnte, Ihnen ihre persönliche Geschichte zu erzählen. Anfänge, Erfolge, manchmal auch wehmütige Momente: An Emotionen wurde nicht gespart. Ich habe versucht, die Vielschichtigkeit des Reitsports transparenter zu machen. Deshalb reicht der Bogen von der Frau, die sich mit 40 ihren Traum vom ersten eigenen Pferd erfüllt hat, bis zur Bundestrainerin, die früher selbst eine erfolgreiche Dressurreiterin war. Erfahren Sie, worauf es einer Pferdepsychologin ankommt. Was man beim Sattelkauf beachten sollte. Lernen Sie wichtige Kriterien bei der Zucht kennen. Denn wer weiß: Vielleicht verlieben Sie sich ja irgendwann mal in ein Fohlen? Begeistern Sie sich für Springreiten, Western-Style, Polo, Voltigieren, Fahrsport – im Übrigen auch für mich ein super interessantes Novum – und Dressur. Informieren Sie sich bei den Tipps meiner Protagonistinnen und zusätzlicher Experten, wie man die Symbiose Pferd/Reiter noch optimieren kann. Lassen Sie sich von ein paar Anekdoten zum Lachen bringen – Reiterinnen sitzen gar nicht so „auf dem hohen Ross", wie oft behauptet wird. Und gestatten Sie sich Träume: vom eigenen Pferd. Vom ersten Turnier. Vom wohltuenden Entspannen mit Ihrem vierbeinigen Kameraden. Vom optimalen Stall in Ihrer Nähe. Und vielleicht vom eigenen Hof …

Ich hoffe, ich kann Sie in „Großes Pferde-Kino" entführen. Und würde mich freuen, wenn selbst, wie man in Bayern sagt, „gestandene Reiter" noch etwas Neues erfahren.

Mit sportlichen Grüßen
Ihre Regina Stahl

PS: Ich widme dieses Buch meinem am 4. August 2017 verstorbenen ‚Rubinstein'-Sohn ‚Renoir', der mir beigebracht hat, was es heißt, anspruchsvollere Dressurlektionen zu reiten. ‚Reno' war seit seinem fünften Lebensjahr bei mir und wurde 22.

MEINE ZEHN LIEBSTEN PFERDEBÜCHER

Ich liebe es zu lesen. Das Gefühl, ein Buch in der Hand zu halten, ist für mich inklusive der eingeknickten Seiten nach wie vor etwas ganz Besonderes, das durch keinen Kindle ersetzt werden kann. Seit ich als Zwölfjährige zum ersten Mal auf einem Pferd saß, haben Biografien und Romane aus der Reiterszene eine spezielle Faszination auf mich ausgeübt.

1 „**MEIN FREUND METEOR**" von Fritz Thiedemann. Der Holsteiner Wallach (1943–1966) war zu seiner Zeit eines der erfolgreichsten Springpferde, unter anderem bei drei Olympischen Spielen (1952, 1956, 1960). Noch heute erinnert beim Holsteiner Gestüt in Elmshorn ein Gedenkstein an ‚Meteor'.

2 „**DER SCHWARZE HENGST BENTO**" von Ditha Holesch. Da meine erste Schulpferd-Liebe auch ‚Bento' hieß, hat dieses Buch einen besonderen Platz in meinem Herzen. Es beschreibt, wie ein Pferd von Deutschland nach Brasilien verschifft wird und dort Leithengst einer Herde wilder Pferde wird.

3 „**REITVORSCHRIFT FÜR EINE GELIEBTE**" von Rudolf G. Binding. Ein poetisches und dabei kluges Büchlein, das mir kein Liebhaber, sondern mein Vater schenkte. Es hat mich sehr berührt, als ich entdeckte, dass Isabell Werth in ihrem 2018 erschienenen Buch ein Zitat als Einstieg gewählt hat.

4 „**VIER BEINE TRAGEN MEINE SEELE**" von Isabell Werth und Evi Simeoni. Darin wird das Leben der weltweit erfolgreichsten Dressurreiterin in sämtlichen Stationen beschrieben – inklusive Pferde, Herzensmenschen, Glücksphasen und schwierigen Zeiten.

5 „**PRUSSO UND MARION**" von Felix Lützkendorf. Die Geschichte eines Trakehners, der noch in Ostpreußen zur Welt kam, mit dem Treck in den Westen fliehen musste und dort ein erfolgreiches Springpferd wurde. Ist 1956 verfilmt worden.

6 „**DEN FÜCHSEN ZUR BEUTE**" von Jane McClary. Es spielt in Virginia und lässt eine Südstaatenromantik im Stil von „Vom Winde verweht" wiederaufleben. Bereits vier Wochen nach Erscheinen im Jahre 1972 stand der immerhin 600 Seiten umfassende Roman in den USA auf den Bestsellerlisten.

7 „**HENGST MAESTOSO AUSTRIA**" und „**DIE STUTE DEFLORATA**", beide von Arthur-Heinz Lehmann. In allen zwei Büchern geht es um Liebe zwischen Zwei- und Vierbeinern. Aber vor allem um die Liebe zu Pferden. Nur etwas für romantische Seelen.

8 „**MORJEN, HERR LANDSTALLMEISTER**" von Hans Joachim Köhler. Ein Buch über die großen preußischen Landgestüte, unter anderem der Familie von Lehndorff. Eine interessante Lektüre für alle, die sich für historische Geschichten interessieren.

9 „**POLO**" von Jilly Cooper. Der 1991 erschienene Roman ist nur in englischer Sprache erhältlich, was aber in der heutigen Zeit kein Problem darstellen sollte. Auf alle Fälle ein amüsanter Blick hinter die Kulissen der britischen Reiterszene. Nicht nur das Buchcover ist sexy …

10 „**GESPRÄCHE MIT JANOS**" von Utta Danella. Die 2015 verstorbene Münchnerin war Zeit ihres Lebens passionierte Reiterin und beschreibt in diesem Buch ihre besondere Beziehung zu einem oft eigensinnigen Wallach, mit dem sie stets ein Gentlemen's Agreement treffen musste.

MEINE ZEHN LIEBSTEN PFERDEFILME

Viele gehören zu den Klassikern und wurden zum Teil schon vor so langer Zeit gedreht, dass sie der jungen Generation vielleicht nicht geläufig sind, aber die Upper Fifties werden sich hoffentlich erinnern. Sowohl die alten als auch die neuen Filme haben eins gemeinsam: Sie fesseln von der ersten bis zur letzten Sekunde – denn im Mittelpunkt stehen immer unsere vierbeinigen Freunde.

1 **1944: „NATIONAL VELVET“** (deutscher Titel: „Kleines Mädchen, großes Herz“) mit Elizabeth Taylor und Mickey Rooney. Hier geht es um die zwölfjährige Velvet Brown, die in einer Lotterie das Pferd ‚Pie‘ gewinnt und damit im wichtigsten Jagdrennen Englands siegt.

2 **1954: „MEINES VATERS PFERDE“** nach dem gleichnamigen Roman von Clemens Laar. In den Hauptrollen: Curd Jürgens, Martin Benrath, Eva Bartok. Die Familengeschichte eines Kriegsheimkehrers mit ganz viel Herz, Schmerz und Drama. Taschentuchverdächtig!

3 **1955–1960: „FURY“**, eine 114-teilige TV-Serie aus den USA, wurde ab 1958 wöchentlich im Nachmittagsprogramm des Ersten Deutschen Fernsehens ausgestrahlt. Die nach einem Jugendbuch von Albert G. Miller gedrehten Folgen spielen im amerikanischen Westen.

4 **1960–1966: „MR. ED“**, amerikanische TV-Serie über ein sprechendes Pferd, die auch in Deutschland gesendet wurde. Auch heute noch richtig komisch! Wurde 1963 mit dem Golden Globe für die beste Fernsehserie ausgezeichnet.

5 **1962: „FLUCHT DER WEISSEN HENGSTE“** mit Robert Taylor, der den legendären Offizier Alois Podhajsky verkörpert. Der Film handelt von der Evakuierung der Lipizzanerhengste der berühmten Spanischen Hofreitschule im Zweiten Weltkrieg.

6 **1994: „BLACK BEAUTY“** entstand nach dem einzigen Roman der britischen Autorin Anna Sewell (Erscheinungstermin 24. November 1877). Aus Pferdesicht lässt der gleichnamige Hengst glückliche und dramatische Augenblicke seines Lebens Revue passieren. Man leidet mit!

7 **1998: „DER PFERDEFLÜSTERER“** mit Robert Redford, Kristin Scott Thomas und Scarlett Johansson basiert auf dem gleichnamigen Roman von Nicholas Evans. Handlung: Nach einem dramatischen Unfall werden das traumatisierte Pferd ‚Pilgrim‘ und seine Reiterin wieder ins Leben geführt.

8 **2003: „SEABISCUIT“** wurde ebenfalls nach einer Romanvorlage gedreht und schildert die Karriere eines in den 1930er-Jahren berühmt gewordenen Rennpferdes sowie die Lebenslinien von Besitzern, Jockeys und Trainern. Hochdramatisch! Und immerhin sieben Oscar-Nominierungen.

9 **2011: „GEFÄHRTEN“** von Steven Spielberg handelt von der Liebe des Farmersohns Albert zu seinem Pferd ‚Joey‘, das zu Beginn des Ersten Weltkriegs an die britische Armee verkauft wird. Natürlich versucht er alles, um seinen vierbeinigen Freund zurückzubekommen. Ein langer Weg voller Spannung!

10 **2013: „JAPPELOUP“** beschreibt die Karriere des französischen Springreiters Pierre Durand bis zum Gewinn der Olympischen Spiele 1988 in Seoul sehr emotional: Ursprünglich galt sein nur 1,58 Meter großes Pferd als zu klein für hohe Hindernisse.

ESKADRON

21 FRAUEN

und ihr Traum vom Reiten, der Zucht oder dem eigenen Stall

21 Frauen aus der Reitszene: Amateure, Profis, bekannte Namen, aber auch solche, von denen man bisher noch nie etwas gehört hat. Sie alle verbindet die Liebe zum Sport. Und – das ist das Wichtigste: zum Pferd.

Herrin über
HAUS & HOF

ANNABEL BARONIN VON BECHTOLSHEIM

Auf schmalen Wegen gelangt man zum Gut Schörghof, das zwar in der Nähe von Weilheim, aber dennoch abseits liegt. Dort wohnt die Familie von Bechtolsheim mit fünf Kindern, 35 Pferden, zwei Hunden und fünf Alpakas. Und obwohl die Hausherrin sich selbst höchstens als gelegentliche Freizeitreiterin bezeichnet, ist sie eine Meisterin darin, spannende Ferienkurse für Kinder zu organisieren. Auch ihre eigenen profitieren davon.

Eigentlich hatte Annabel von Bechtolsheim ganz andere Pläne für ihr Leben vorgesehen. Nach einem Wirtschaftsstudium in München, Madrid und London zog die gebürtige Breisgauerin – ihre Eltern betreiben in Oberrotweil am Kaiserstuhl ein Weingut – in die britische Hauptstadt und arbeitete dort als Brokerin. Zu intensiv, zu ehrgeizig, bis ein Burnout sie zur Ruhe zwang.

▲ Bayerische Gemütlichkeit: der Schörghof bei Weilheim.
◀ Baronin Annabel mit ihrer Tochter Benedikta am großen Küchentisch, der oft als Familientreffpunkt dient.
◣ „Nachtisch-Kind“: die jüngste Tochter Marielise.

In ihrem Elternhaus fand sie die nötige Muße. Und lernte 2001 auf einer Housewarming-Party in München Christian Baron von Bechtolsheim kennen. „Nach drei Monaten hielt er um meine Hand an, im Dezember wurde geheiratet.“ Mittlerweile gibt es fünf Kinder: Tassilo (16), Lieny (15), Josepha (12), Benedikta (11). Und die fünfjährige Marielise: „Mein Nachtisch-Baby. Das habe ich mir dann doch noch gegönnt“, lacht die heute 48-Jährige. Zuerst wohnte sie mit ihrem Mann, einem Banker, in Frankfurt, dann in Thüringen, wo es noch eine familieneigene Forstwirtschaft gibt. Aber: „Christian war der einzige Sohn, und meine Schwiegermutter lebte in Bayern. Da fand ich, wir sollten uns auch irgendwo in der Nähe von München ein schönes Haus suchen. Mit einem großen Garten, in dem unsere Kinder – ich war damals mit dem vierten schwanger – genug Platz zum Spielen hätten.“

„DANN FAND MEIN MANN DIESEN SCHÖRGHOF MIT 40 HEKTAR LAND.“

„Um 1930 war dieser von der Handwerkerfamilie Schörg, die sich als Verzinker und Emaillierer einen Namen machten, erbaut und später von der Witwe des Sohnes an den Schlagersänger Michael Holm verkauft worden. Dessen Frau Bimbi spielte Polo, und somit gab es schon Stallungen für Pferde. Zuerst war ich entsetzt – so ein Riesengelände, völlig abseits gelegen, kein Bäcker, kein Metzger, keine Schule in der Nähe. Aber dann habe ich mich schnell in die Magie des Ortes verliebt.“

2008 zog die Familie auf den Schörghof. Beziehungsweise baute erst mal vieles um. „Die Küche war ganz klein, und ich wusste, dass meine Kinder bestimmt immer viele Freunde mitbringen würden – also brauchte ich einen entsprechend großen Raum, der das Herz des Hauses bilden sollte.“ Da ihr Mann ein begeisterter Freizeitreiter ist – „Hose, Stiefel alles perfekt, dazu meistens ein Janker, so reitet er auf seinem Pferd ‚Puck‘ durchs Gelände“ –, wurden auch die Kinder früh an Pferde, zuerst Ponys, herangeführt. „Da sich so ein Hof aber auch finanziell tragen sollte, beschloss ich, Boxen an Einsteller zu vermieten, einen Schulbetrieb aufzubauen und Ferienkurse für Kinder zu organisieren, die größtenteils bei uns auf dem Hof übernachten. Da können sie den Umgang mit den Tieren lernen, Dressur- und Springstunden nehmen, Reitabzeichen machen. Mittlerweile bieten wir auch Lehrgänge für Mütter und Kinder an. Mit Konstanze Lohrer gibt es eine festangestellte Reitlehrerin, zusätzlich freiberufliche Trainer und jeden

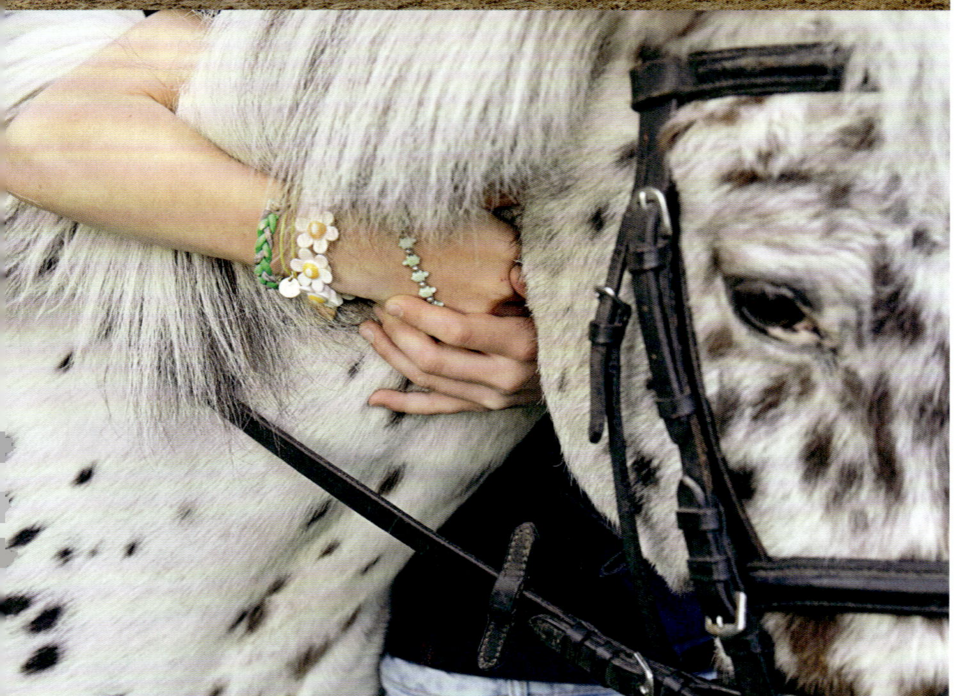

▲ Aktivstallhaltung zum Wohl der Pferde.
▼ „Ich hab' dich sooo lieb."
▼▼ Und diese zwei mögen sich auch.
▶ „Magst du einen Apfel mit mir teilen?"

Mittwoch einen Springkurs mit dem ehemaligen Vielseitigkeitsreiter Albrecht von Bredow, der schon vor 40 Jahren meinen Mann unterrichtet hat."

„Wir haben uns für Aktivstallhaltung entschieden", erzählt die Baronin. „Ich finde es sinnvoll, dass die Pferde nicht in einer Box stehen und vielleicht mal drei Stunden auf eine Koppel gehen, sondern sich 24 Stunden unter Gleichgesinnten bewegen können. Das lässt auch den Besitzern mehr Freiheit, denn es gibt ja immer mal Tage, an denen man keine Zeit zum Reiten hat."

Dieser Aktivstall ist 5000 Quadratmeter groß. Die Fütterung wird per Computer gesteuert: Jedes Pferd bekommt einen Chip in die Mähne eingeflochten, der auf die jeweiligen Futterbedürfnisse des Tieres programmiert ist. Das heißt: Es gibt sogenannte Fressstationen, an denen sich die Pferde pro Stunde eine bestimmte Ration Heu oder Hafer abholen können. „Das lernen die ganz schnell", versichert die Baronin. Ihr persönlicher Tag beginnt morgens um 6 Uhr: „Zuerst bete ich, ich bin gläubige Katholikin, und das ist meine Meditation. Dann wecke ich die Kinder, wir frühstücken zusammen, dann fahre ich sie zum Bus, der sie in die Schule bringt. Anschließend gehe ich mit unseren beiden Hunden ‚Pünktchen' und ‚Rosie' am Starnberger See spazieren. Danach

sitze ich in meinem Büro und organisiere die nächsten Kurse. Mittlerweile bieten wir auch Yoga-Workshops an. Ich selbst bin ein großer Fan davon geworden."

„MEIN PLAN IST, DASS DER SCHÖRGHOF IN DEN NÄCHSTEN ZEHN JAHREN NOCH MEHR ZU EINER STÄTTE DER BEGEGNUNG WIRD. MIT PFERDEN, ABER AUCH MIT MENSCHEN."

Annabel von Bechtolsheim empfindet auch als Nichtreiterin ein großes Pferdeglück: „Pferde strahlen eine ganz besondere Energie aus. Und gleichzeitig eine Ruhe. Gerade als Mutter von fünf Kindern ist es ein großes Geschenk für mich, auf so einem Hof zu wohnen und den Kindern eine gewisse Erdverbundenheit zu vermitteln. Die Verantwortung für Tiere – all das, was in der heutigen Zeit weit entfernt von selbstverständlich ist." I-Tüpfelchen war im Frühjahr die Geburt des Fohlens von Shetland-Pony ‚Krümel': „Es ist dunkelbraun-weiß gescheckt, deshalb haben wir es nach den Keksen ‚Oreo' getauft."

◀ Marielise auf ihrem dänischen Knabstrupper ‚Karlsson'.
▲ Baronin Annabel und Tochter Benedikta auf dem Weg zur Koppel.
▼ Trense an Trense: Blick in die Sattelkammer.

◤ Inzwischen Mama:
Shetland-Pony ‚Krümel'.
◥ Bei schlechtem Wetter
geht's in die Reithalle.
◢ Haus- und Hofhund:
der Springerspaniel-Setter-Mix ‚Pünktchen'.
◣ Natur pur:
der Schörghof.

◤ Baronin Annabel trägt gern Dirndl.
◄ In der großen Halle mit Kamin wird oft gefeiert.
◄ Hier lässt es sich gut lesen. Und träumen.
► Blick ins „offizielle" Esszimmer.

Annabels
TIPPS

Respekt lehren

„Kinder müssen lernen, dass Pferde keine Kuscheltiere sind. Und dass Reiten eine gefährliche Sportart sein kann. Damit beabsichtige ich nicht, jemandem Angst zu machen, aber gerade als Mutter sollte man immer im Kopf haben, dass die Kombination Krabbelkind und Pferd nicht immer ideal ist. Man sollte auch einen Kinderwagen nicht in unmittelbarer Nähe eines Pferdes abstellen.“

Pferdeferien

„Vor allem Stadtkinder haben selten die Möglichkeit, einen auf der einen Seite lockeren, andererseits disziplinierten Umgang mit Pferden zu lernen. So kam ich auf die Idee, auf unserem Hof Ferienkurse abzuhalten. Pro Jahr gibt es ca. sieben Angebote für die Altersgruppen Erstklässler bis 15 Jahre. Die Kinder können, müssen aber nicht beim Putzen helfen. Dadurch lernen sie zusätzlich zu ihren Reitstunden alles, was man rund ums Pferd wissen sollte.“

KOSTENDENKEN

„Wer sich mit dem Gedanken trägt, einen Hof mit Stallungen zu erwerben – in Immobilienangeboten gibt es ja öfter Angebote, die natürlich immer als attraktiv angepriesen werden –, sollte sich darüber im Klaren sein, dass man gerade bei älteren Anlagen genügend finanzielle Rücklagen haben sollte, um Haus und Hof auf den neuesten Stand zu bringen. Außerdem sollte man die Personalfrage überdenken: Je nach Größe braucht man mindestens zwei fachkundige Personen, die sich – zusätzlich zum Besitzer – um alles kümmern und im Idealfall auch auf der Anlage wohnen. Ich sage deshalb zwei, weil natürlich jeder Anspruch auf Urlaub hat.“

Aus Fehlern KLÜGER

DR. SVENJA GIESSLER

Erst mit 40 hat sich die in München lebende Ärztin für Plastische Chirurgie ihren Traum vom eigenen Pferd erfüllt. Auf dem Weg dorthin mussten allerdings einige Hindernisse überwunden werden. Umso glücklicher ist sie heute.

QUADRINA

Als kleines Mädchen glaubte Svenja Giessler fest daran, dass das Leben ein Ponyhof sei: Zusammen mit ihren Eltern und ihrer zwei Jahre älteren Schwester Vivian lebte sie in Hannover, „wo Pferde praktisch zur Familie gehören".

▸ Wie die meisten Reiterinnen auch Hundefreundin: Svenja Giessler mit ihrer 13-jährigen Hovawart-Hündin ‚Paula'.
▸ Überall in ihrer Wohnung findet ein Hippo-Accessoire seinen Platz.
▸ Lächeln für eine lange Zukunft mit ‚Quadrina'.
▸ Am Handgelenk trägt sie neben ihrer ‚Cape Cod'-Uhr von Hermès zwei Armbänder mit den Namen ‚Quadrina' und ‚Paula'.

Jede Ferien verbrachten die Geschwister bei Familie Hagedorn in der Lüneburger Heide – noch heute erinnert sich Svenja an Indianer-Ausritte ohne Sattel und daran, dass Oma Hagedorn allabendlich kontrollierte, ob man auch mit gewaschenen Füßen ins Bett ging.

„MEINE REITERTRÄUME ZERPLATZTEN. URSPRÜNGLICH WOLLTE ICH MAL JOCKEY WERDEN. ABER ICH WUCHS ZU SCHNELL – KEINE CHANCE. UND SPÄTER LIESS MIR MEIN STUDIUM KEINE ZEIT."

Nach dem Abitur entschloss sich Svenja, Medizin zu studieren, und bekam einen Platz an der Ulmer Universität. Im Bundeswehrkrankenhaus in Berlin spezialisierte sie sich auf Plastische Chirurgie und erhielt dann ein Angebot von der Schön-Klinik in Vogtareuth bei Rosenheim. In Süddeutschland lernte sie auch ihren Mann kennen. Weil sie von Zeit zu Zeit ihrer Reitervergangenheit nachtrauerte, schenkten ihr die Schwiegereltern zum Geburtstag eine Zehnerkarte für Unterrichtsstunden im nächstgelegenen Verein. Das Glück auf dem Rücken der Pferde blieb – doch das private zerbrach. Die inzwischen sehr erfolgreiche Ärztin zog nach München und eröffnete im Stadtteil Lehel eine eigene Praxis. Dem Reitsport blieb sie treu: Zweimal wöchentlich nahm sie Unterricht in der Uni-Reitschule am Englischen Garten.

„DORT BEGING ICH MEINEN GRÖSSTEN FEHLER. ICH WAR SCHOCKVERLIEBT IN EIN PFERD, UND WEIL ES MIR NICHT IMMER ZUGETEILT WURDE, HABE ICH ES EINFACH GEKAUFT."

Obwohl ihr eine Patientin dringend davon abgeraten hatte, ein Pferd aus dem Schulbetrieb zu erwerben, „weil man ja nie weiß, was da so in der Vergangenheit passiert ist", ließ sich Svenja Giessler nicht beirren: „Ich musste unbedingt ‚Solance', einen zwölfjährigen Holländischen Warmblüter, haben." Sie genoss es, mit ihm durch den Englischen Garten zu reiten, nahm weiterhin Unterrichtsstunden, bis er Schwierigkeiten am Fesselträger bekam und mehrere Monate nicht geritten werden konnte. Die Lahmheit ging und kam in Abständen immer wieder, und die Ärztin entschloss sich schweren Herzens, ‚Solance' „auf ewige Erholung" in eine Anlage mit offener Stallhaltung nach Eggenfelden zu stellen. Da Reiten zwar ihre Passion war, aber berufsbedingt zunehmend zu einem Zeitproblem wurde, versuchte sie es mit einer Reitbeteiligung. Schnell merkte sie jedoch, dass das für sie nicht mit einem eigenen Pferd vergleichbar war. Als Nächstes wechselte sie den Stall: „Auf Empfehlung kam ich zu Susi von Reitzenstein nach Dirnismaning."

▲ Wichtig: tägliche Basisarbeit, hier im Galopp.
▼ Alles im grünen Bereich: ‚Quadrina' mit Fliegenmützchen.

„MITTLERWEILE HABE ICH MEIN TRAUMPFERD GEFUNDEN. ICH MACHE ZWAR NOCH VIELE FEHLER, WIE ZUM BEISPIEL NICHT GENÜGEND VORBEREITET AUF EIN TURNIER ZU GEHEN, ABER ICH LERNE VON MAL ZU MAL DAZU."

In Dirnismaning verliebte sich Svenja Giessler in die heute fünfjährige dunkelbraune Stute ‚Quadrina', die Susi von Reitzenstein auf einer Stutenleistungsprüfung in Neustadt/Dosse entdeckt und eigentlich für sich gekauft hatte. „Mal wieder Liebe auf den ersten Blick", lacht die Ärztin, „aber ich glaube, diesmal eine gute Lösung gefunden zu haben. Susi bildet ‚Quadrina' weiterhin aus, und ich reite an den Wochenenden und unter der Woche morgens oder abends, so oft es zeitlich für mich passt." In diesem Frühjahr startete sie erstmalig auf einem Turnier in einer Dressurpferdeprüfung Klasse A – das ist ein spezielles Jungpferdeprogramm und somit als Einstieg zu betrachten –, wurde zu ihrer großen Enttäuschung aber nur Letzte: „Ich hatte vorher nie Abteilungsreiten geübt, und ‚Quadrina' war einfach supernervös. Ich beging total blauäugig den größten Fehler – zu denken, mal einfach auf ein Turnier zu gehen und loszureiten. Das geht gar nicht. Aber beim nächsten Mal klappt es hoffentlich besser. Denn ich weiß ja genau, dass die Schuld bei mir lag."

ESKADRON

◤ So oft wie möglich ein Schmuse-Ritual.
◥ Jetzt gehen wir mal spazieren!
◢ Auch im Spind muss Ordnung herrschen.
◣ Ton in Ton: selbst die Schabracke passt zu Svenjas Jacke.
▶ Zur Entspannung immer mal einen Ausritt.

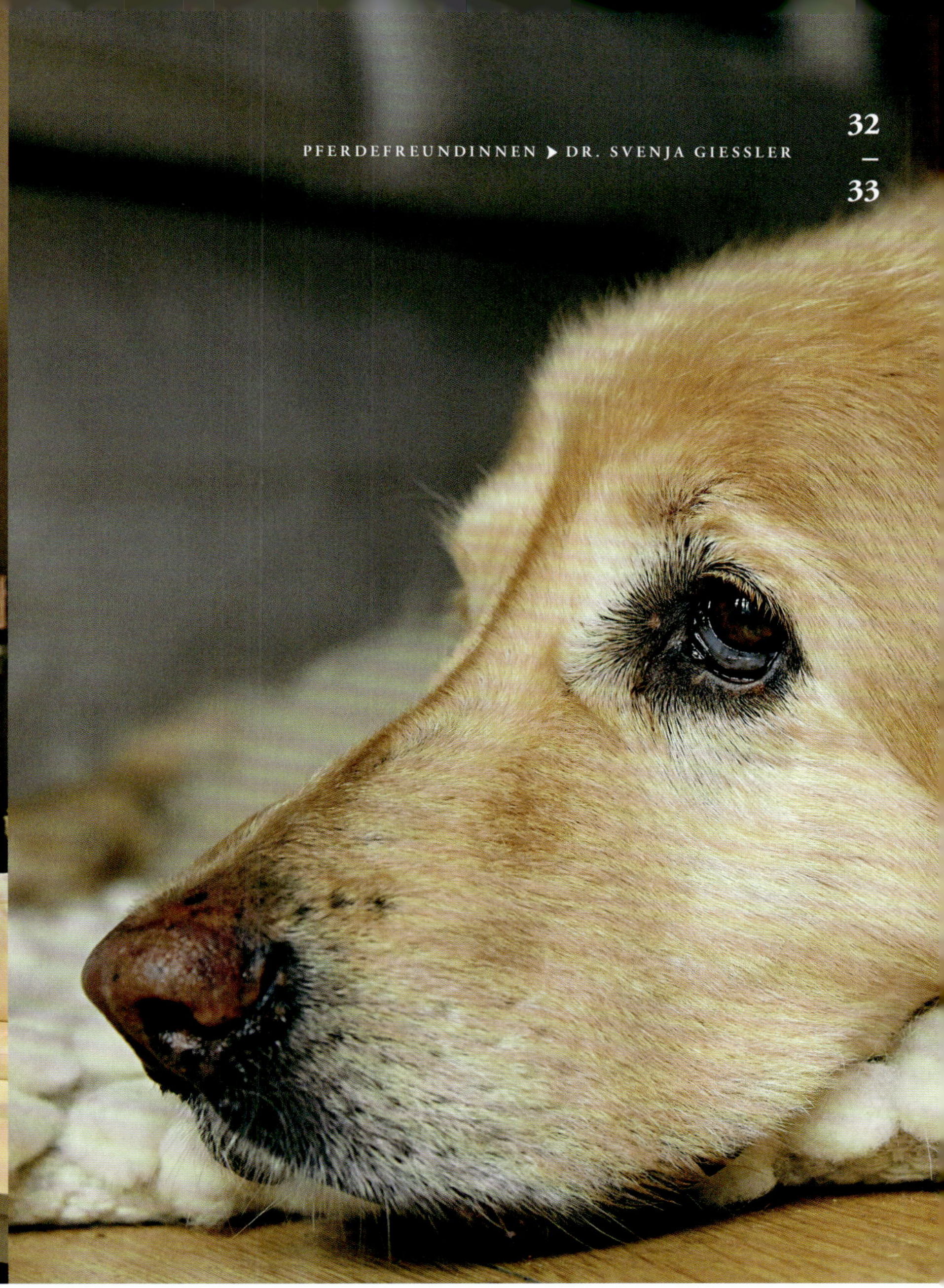

◀ Stolze Pferdemama: Svenja Giessler vor einem Foto von ‚Quadrina'.
▲ Selbst der Lampenfuß zeugt von Hippo-Passion.
◥ Auch ‚Paula' kann unwiderstehlich schauen.

Svenjas
TIPPS

Zeitmanagement

„Wenn man voll im Berufsleben steht und trotzdem ein eigenes Pferd haben möchte, sollte man sich dafür einen genauen Plan erstellen. Da das Tier jeden Tag Bewegung – und wie in meinem Fall auch Ausbildung – braucht, wäre ein professioneller Bereiter ideal. Dass man für diesen sogenannten Beritt genauso wie für Unterricht bezahlen muss, sollte jedem klar sein.“

Hilfe annehmen

„Wer wie ich jahrelang mit Reiten ausgesetzt hat, sollte sich nicht darauf verlassen, wie toll das früher geklappt hat. Vor allem, wenn man als Kind nur auf Ponys gesessen ist. Der Übergang vom Reitschulpferd zum eigenen, in den meisten Fällen doch anspruchsvolleren Pferd ist noch mal etwas ganz anderes. Da kommt es auf Feinheiten an, von denen man früher überhaupt keine Ahnung hatte. Deshalb ist Unterricht für mich ein Must.“

ERSTES TURNIER

„Gerade wenn man so unerfahren ist und ein junges Pferd hat, sollte man vorher sämtliche Gefahrensituationen durchspielen. Zum Beispiel an einem Tisch vorbeireiten, an dem ja in der Prüfung die Richter sitzen. Oder Abteilungsreiten üben, damit das Pferd nicht aus einem plötzlichen Impuls heraus alle anderen überholen will. Auch ein Regenschirm sollte mal probeweise aufgespannt werden.“

78

Comeback INS GLÜCK

MARION RÖSCH

Eigentlich hatte sie mit ihrer Turnierkarriere abgeschlossen. Doch nach dem Tod ihres Mannes Luitpold tröstete sich die Münchnerin erst mit einem neuen Hund, dann mit einem neuen Pferd – und ist mittlerweile wieder im siebten Reiterhimmel.

CAVALLO
1978

„Den Pferdebazillus habe ich von meiner Mutter geerbt", erzählt die gebürtige Schwäbin Marion Rösch. „Mein Bruder Axel und ich bekamen Ponys – wobei ich mit mehr Leidenschaft bei der Sache war als er. Aber selbst wenn sich der schwarz-weiß gescheckte ‚Moritz', der ursprünglich aus einem Zirkus kam, oft einen Spaß daraus machte, mich in unserem Garten an einem Apfelbaum abzustreifen – meine Liebe zu Pferden und Tieren überhaupt war entfacht."

Auf dem Grundstück ihrer Eltern in Holzheim gab es neben den beiden Ponys ‚Moritz' und ‚Frechdachs' noch zwei Stallhasen, zehn Hühner, einen Gockel und einen schwarzen Kurzhaardackel. „Nachdem eine Henne heimlich gebrütet hatte, bin ich – da war ich etwa zwölf – sofort Mitglied im Holzheimer Geflügelzucht-Verein geworden."

„NACH DEN FRECHEN PONYS KAM ICH MIT ZEHN AUFS GROSSPFERD."

„Ganz klassisch" begann Marion Rösch, zuerst auf Schulpferden Unterricht zu nehmen. Nach zwei Jahren durfte sie dann auch mal den Vollblüter ‚Schneetanz' ihrer Mutter reiten. Und mit 15 bekam sie ihr erstes eigenes Pferd, den Hannoveraner ‚Steppke', mit dem sie erste M-Dressuren gewinnen konnte. „1974 zog ich nach München, um BWL zu studieren und wurde mit ‚Steppke' Einstellerin in der renommierten Reitakademie in Riem", erinnert sie sich. „Damals musste man noch Erfolge vorweisen, und ich war gottfroh, dass ich ein paar M-Platzierungen hatte." Auf der Anlage lernte sie ein Jahr später ihren Mann Luitpold (Poldi), einen Springreiter, kennen, – 1979 heirateten sie, fünf Jahre später kam Sohn Andreas zur Welt – mittlerweile im Springsport so erfolgreich wie sein Vater. Der braune ‚Steppke' blieb bei Marion, bis er 22 war. Immerhin konnte sie ihn bis Klasse S vorstellen, obwohl er ihr einen Sieg im wahrsten Sinne des Wortes verweigert hat: „Bei einer Prüfung lag ich in Führung, aber den damals erforderlichen Gehorsamssprung von 40 Zentimetern Höhe mochte er ums Verrecken nicht."

„UND PLÖTZLICH ENTDECKTE ICH MEINE LIEBE ZU STUTEN."

„Ich wollte nie, nie, nie eine Stute", lacht Marion heute. Auf einer Auktion in Verden entdeckten ihr Mann Poldi und sie ‚Chateau Lafitte'. ‚Fitti' war toll, aber – im Nachhinein betrachtet – auch mein schwierigstes Pferd. Mit ihr hatte ich meinen einzigen schweren Unfall: Beim Reiten brach das Trensengebiss, ich stürzte und verletzte mich an der Wirbelsäule. 16 Wochen lag ich im Korsett." Danach bekam sie ihr erfolgreichstes Pferd – wieder eine Stute – ‚Grand Fleur' oder liebevoll ‚Grandl' genannt. „Sie hatte eine absolut goldene Einstellung, wollte immer ihr Bestes geben. Und das ist das Tolle an Stuten: Wenn man sie mal auf seiner Seite hat, kämpfen sie für einen." Mit ‚Grandl' gab's dann auch das Goldene Reitabzeichen, und Marion Rösch wurde Bayerische Meisterin.

◂ ‚Quadiro' hat seine Marion zum Fressen gern.
◂ Wer lächelt schöner?
◂ ‚Quaddel' fliegt: Bei der Trabverstärkung berührt kein Bein den Boden.

▲ In dieser Stallgasse der Reitakademie München bewohnt ‚Quaddel' eine Box.
▼ Putzen verbindet: Marion ist ‚Quaddels' Lieblings-Groom.

„ICH HATTE NIE DAMIT GERECHNET, NOCH MAL EIN SO TOLLES PFERD WIE ‚QUADDEL' ZU FINDEN."

Nach der weiteren Stute ‚Gwendy', die gut, aber nicht so zuverlässig war wie ‚Grandl', beschloss Marion Rösch, „nur noch zum Spaß" zu reiten. „Ich habe die Springpferde meines Sohnes dressurmäßig gearbeitet, denn auch die brauchen eine gewisse Durchlässigkeit und Reaktion auf feine Hilfen." Es folgten zwölf Jahre Turnierpause. Und viele Überlegungen: Ganz mit der Reiterei aufhören? Golf spielen? Oder nur reisen? Alles keine echte Alternative. „Ich bin mal wieder losgefahren, um mir Pferde anzuschauen. Ich suchte eins mit Qualität, hatte aber jegliche Turnierambitionen außen vor gelassen. Dann fand ich vor zwei Jahren bei dem Dressurausbilder Holga Finken in Hagen am Teutoburger Wald den damals siebenjährigen ‚Quadiro', den alle nur ‚Quaddel' nannten. Und das hat gepasst." So gut, dass die mittlerweile 64-Jährige und immer noch elegant-schlanke Reiterin auf einem Lehrgang ermutigt wurde, doch mal wieder auf einem Turnier zu starten – und 2018 gleich sechs goldene Schleifen in Prüfungen der Kategorie St. Georg gewinnen konnte. Ihr Plan für die Zukunft: „Nicht ein Turnier nach dem anderen reiten. Einfach mal sehen, wie sich alles entwickelt. Und vor allem das Glück genießen, ein Pferd wie ‚Quaddel' zu haben."

◂ Entspannt zu Hause – die Pferdelampe im Hintergrund steht für Marions Leidenschaft.
▴ Gemütlichkeit in Rot. Die holzverkleideten Wände sind der perfekte Hintergrund für Pferdebilder.
◥ War schon vor ‚Quaddel' da: Marions Korfu-Mischling ‚Meena'.

Marions TIPPS

Balsam für die Seele

„Es ist mir eine Herzensangelegenheit, dass ‚Quaddel' so viel Freiheit wie möglich bekommt. Das heißt: Er wird nicht nur geritten oder longiert, sondern kommt zusätzlich aufs Paddock und auf die Koppel. Zum Glück bietet die Anlage in Riem diese Möglichkeiten."

Reifeprüfung

„AUCH WENN MAN SCHON JAHRZEHNTELANG REITET, SOLLTE MAN SICH IMMER WIEDER VON EINEM ERFAHRENEN TRAINER KORRIGIEREN LASSEN – DAS MACHEN SELBST DIE GANZ GROSSEN DER REITEREI SO. WER MEINT, DASS MAN NACH DREI JAHREN SCHON ALLES WEISS UND KANN, LIEGT VÖLLIG FALSCH."

HAUPTSACHE LOCKER

„Wichtig ist für mich, dass die Pferde locker gehen. Und dass ihr natürlicher Charme erhalten bleibt. Spannige Tritte oder erzwungene Lektionen sind mir ein Gräuel. Da habe ich immer den Satz eines Trainers im Ohr: ‚Ein Pferd ist wie eine Blume. Wenn mal der Duft verloren geht, wird sie ihn nie wieder bekommen.'"

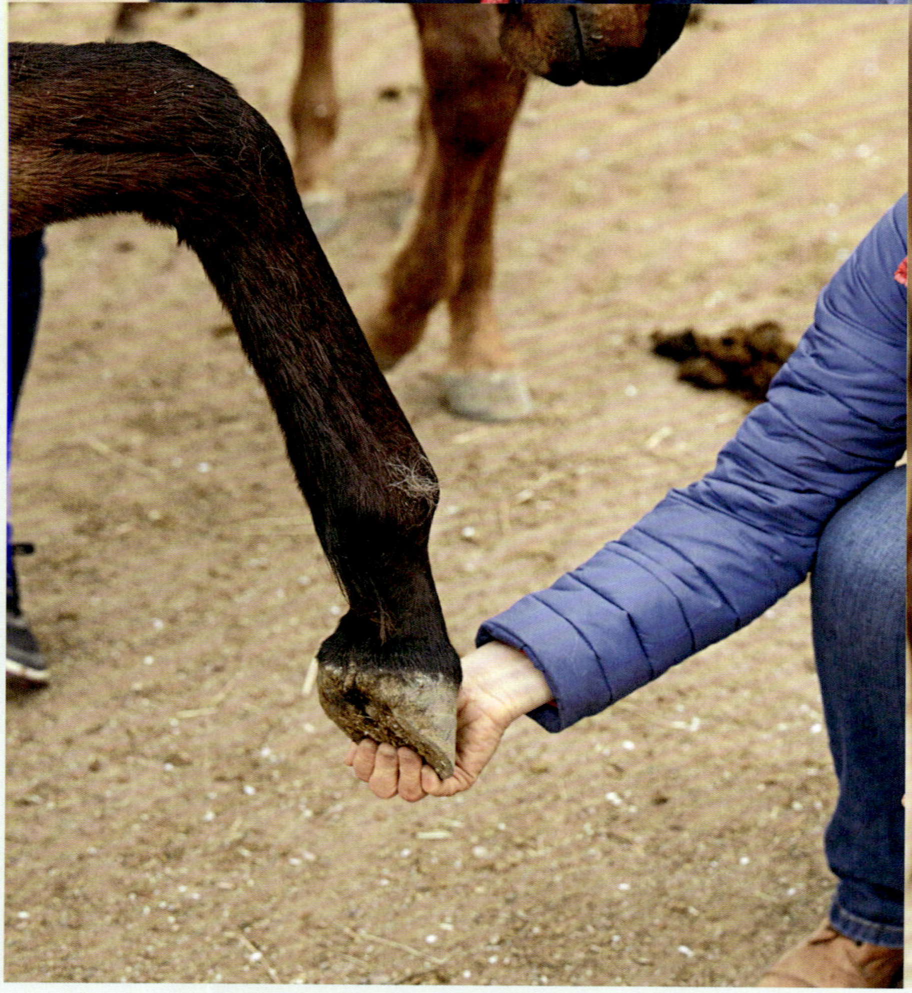

Die PFERDEVERSTEHERIN

CAROLINE SPERLING *Wenn „Problempferde" und deren Besitzer mit ihrer Hilfe enger zusammenfinden und gemeinsam Spaß haben, ist die Münchnerin glücklich. Auf dem Gebiet der Pferdepsychologie hat sie sich von Monty Roberts inspirieren lassen, inzwischen aber ihren ganz eigenen Weg gefunden. Eine ruhige Stimme, eine selbstbewusste Körpersprache sowie Geduld, Liebe und Sensibilität – für Caroline Sperling ist die Arbeit als Pferdepsychologin mehr als ein Beruf.*

„Reiten ist für mich nicht mehr so wichtig", erzählt Caroline Sperling. „Mir geht es mehr um den Umgang mit Pferden als um Erfolge im Sattel." Schon als kleines Mädchen war sie auf Tiere jeglicher Art fixiert: „Ich wollte jeden Regenwurm und jede Schnecke retten." Mit sieben bekam sie Reitstunden in einem Schulbetrieb, gleich auf Großpferden, „denn ich war ziemlich kernig". Zeitweise war sie bis zu einer Stunde mit dem Rad unterwegs, um zu ihren geliebten Pferden zu gelangen. Als sie später verstand, dass die Pferde in diesem Schulbetrieb nicht gut behandelt wurden, suchte sie eine Reitbeteiligung und startete auf kleineren Turnieren.

„ICH MÖCHTE EINE BEZIEHUNG ZWISCHEN MENSCH UND PFERD AUFBAUEN, BEI DER BEIDE DIE GEMEINSAME ZEIT GENIESSEN."

Sie studierte BWL, merkte aber bald, dass Wirtschaft für sie keine Herzensangelegenheit war, und entschloss sich, mit Tieren zu arbeiten. Unter anderem absolvierte sie Ausbildungen bei Pferdeflüsterer Monty Roberts in Kalifornien und erkannte: „Ein Pferd soll nicht aus Angst funktionieren, sondern den Menschen als fairen Partner verstehen. Das probierte ich in Deutschland aus und machte weitere Fortbildungen auch im Bereich Fütterung, Haltung und Tierheilkunde, bevor ich mich auf Problempferde konzentrierte."

Caroline Sperlings schwierigster Fall wurde eine Art Herzenspferd. „Es gibt Fälle hinter den Kulissen, von denen die meisten Reiter nichts ahnen. So war es mit ‚Navar', einem Pony, das ein Vater für seine Tochter gekauft hatte. Es war übermütig und hatte das Kind schon einige Male in den Sand gesetzt. Die Reitlehrerin bestrafte das Tier dermaßen, dass es aus purer Panik über ein Tor sprang und auf den Rücken fiel", regt sich die 41-Jährige heute noch auf. ‚Navar' blieb ein Jahr unter meiner Obhut. Seine seelischen und körperlichen Wunden brauchten Zeit zu heilen. Anfangs sind wir nur spazieren gegangen. Mit viel Liebe, aber auch klaren Regeln lernte er, mir zu vertrauen. Nach einiger Zeit konnte ich endlich mit ihm ausreiten. Aber auch das Mädchen musste neu Vertrauen fassen. Begreifen, dass ein Pferd kein Spielzeug ist."

„HEUTE BIN ICH IN GANZ DEUTSCHLAND UNTERWEGS, UM PFERDEBESITZERN ZU HELFEN, IHRE SCHWIERIGKEITEN MIT DEM VIERBEINIGEN PARTNER ZU ÜBERWINDEN. EIN ZUFRIEDENES PFERD WIRD NICHT ZUM PROBLEM."

◤ Seelenschwester für Pferde: Caroline Sperling.
◥ Körperkontakt ist ganz wichtig.
◢ Die Expertin kennt keine Größenunterschiede.
◣ Gehorsam abfragen: Hebt das Pferd freiwillig das Bein hoch?

Caroline Sperling ist es wichtig, dass die Grundbedürfnisse des Pferdes mehr Beachtung finden. „Optimal ist ein großzügig angelegter Offenstall, in dem das Pferd in einer beständigen Gruppe lebt, sich frei bewegen kann und mehr Abwechslung geboten bekommt als in einer Box. Kontakte zu Artgenossen sind für Pferde, die soziale Wesen sind, ausschlaggebend für Ausgeglichenheit."

Gut gesund

„Zufriedenheit erreichen wir, indem wir die Bedürfnisse unserer Pferde bestmöglich stillen: frische Luft, ausreichend Bewegung, Lob und Streicheleinheiten. Das alles hat Auswirkungen auf Psyche und Motivation."

Alpharolle

„Es geht vor allem darum, als Mensch die Leittierrolle in der Zweierherde zu übernehmen, und zwar mit Respekt und Liebe."

SCHWIERIGKEIT ALS CHANCE

„WENN WIR SCHWIERIGKEITEN MIT UNSEREM PFERD LÖSEN, HAT DAS EINE VERBINDENDE WIRKUNG AUF DIE PFERD-MENSCH-BEZIEHUNG. KONKRETES BEISPIEL: WENN MAN EIN PFERD HAT, DAS IM GELÄNDE NERVÖS IST, KANN MAN DARAN ARBEITEN. ANFANGS NUR KLEINE RUNDEN MIT EINEM BRAVEN, ERFAHRENEN ZWEITPFERD DREHEN. WENN DAS GUT LÄUFT, WEITET MAN DIE RUNDEN AUS."

◤ Ganz ruhig bleiben: Caroline mit dem neunjährigen Araber-Hengst ‚AJM Shirass'.
◥ Er kann auch so was: ‚Shirass' mit seiner Besitzerin.
◢ Wenn sich das Pferd auf Kommando hinlegt, ist alles gut.
◣ Carolines Hand überträgt Ruhe.

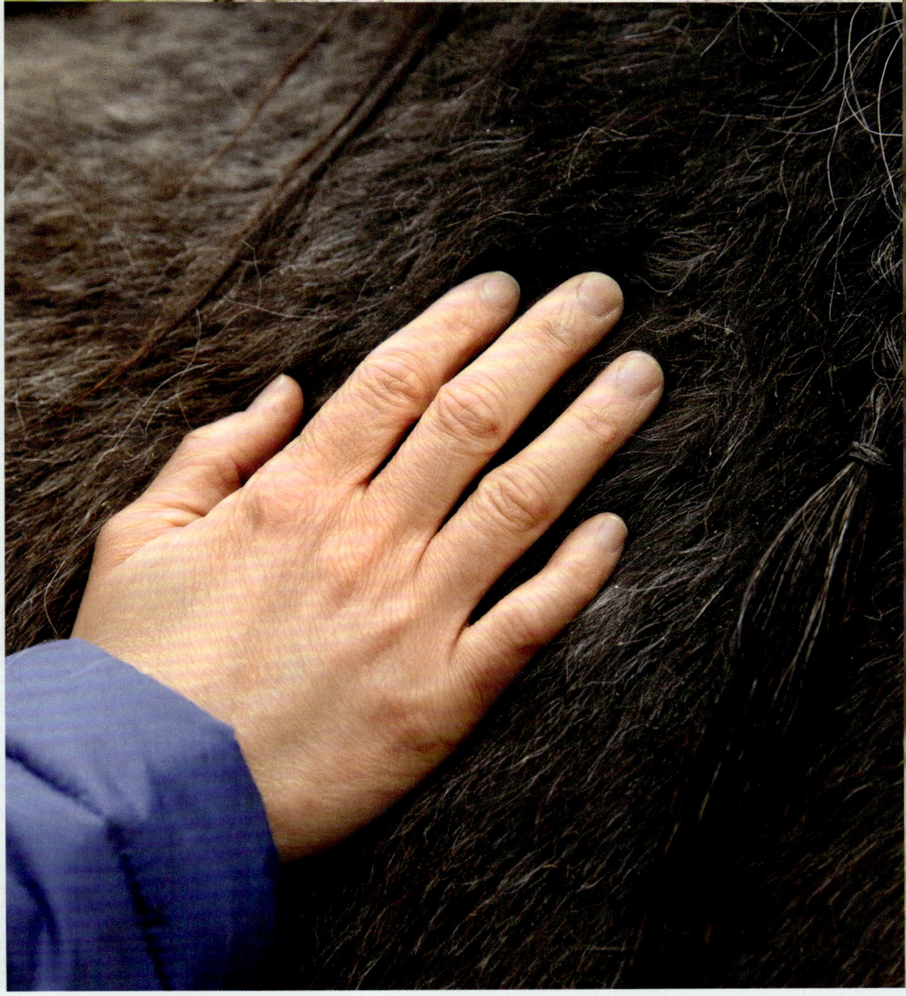

Gute Pferde-
KINDERSTUBE

SABRINA RETHEMEIER

Auf der 100 Hektar großen Anlage von Sabrina und Lars Rethemeier in Lienen am Teutoburger Wald tummeln sich 150 glückliche Pferde. Mutterstuten, Fohlen, Jährlinge, Zwei- und Dreijährige. In diesem Frühjahr und Sommer sind 30 Youngsters hinzugekommen. „Wenn die gesund sind und fröhlich auf der Wiese rumtoben, bin ich glücklich“, strahlt die Züchterin.

1931
W
S

Sabrina und Lars Rethemeier haben sich über die Reiterei kennengelernt. Er ritt Springen, sie Dressur, und „irgendwann hat es mal gefunkt". Bereits die Schwiegereltern Willi und Heidi, die heute noch auf dem Hof leben, hatten neben Milchkühen und Rindern eine erfolgreiche Pferdezucht betrieben.

Im Jahr 2000 übernahm der Sohn den Hof und konzentrierte sich zusammen mit Sabrina auf die Aufzucht von Fohlen. Zwei Azubis, eine Ganztagskraft, zwei Halbtagskräfte und ein Verwalter, der zweimal pro Woche nach dem Rechten sieht, kommen unterstützend dazu.

„Ich berate die Besitzer der Stuten bei der Auswahl der Hengste, achte aber auch sehr darauf, dass gute und vor allem gesunde Stuten für die Zucht eingesetzt werden", erklärt Sabrina Rethemeier. „Viele denken, ein toller Hengst sei ein Garant für ein Superfohlen. Das stimmt so nicht, die Stute trägt maßgeblich dazu bei."

Ideal findet es die Zuchtexpertin, wenn die Stuten schon etwas älter sind und sich im Sport auf Turnieren bewährt haben. „Manchmal kommen auch Besitzer mit einer nicht gesunden Stute und meinen, zum Deckenlassen reicht es noch. Oder, schlimmer noch, mit einem Pferd, das nicht klar im Kopf ist. In solchen Fällen rate ich dringend davon ab. Vor allem Chips an den Gelenken sind erwiesenermaßen vererbbar. Bei Hengsten gibt es ja mittlerweile Gesundheitsdatenbanken, bei Stuten leider noch nicht." Gut ausgleichen lassen sich Temperamentsunterschiede. „Ich würde eine eher phlegmatische Stute immer von einem energievollen Hengst decken lassen und umgekehrt. Aber auch das sollte man nicht verallgemeinern, sonst wäre die Zucht zu einfach", erklärt die 39-Jährige.

„In der Regel kommen Fohlen zwischen März und Juli zur Welt, je nachdem, wie gut die Stute die Besamung aufgenommen hat. Manchmal geht es ganz schnell, in anderen Fällen muss man es öfter versuchen. Unser erstes Fohlen von 2019 kam am 18. März zur Welt." In den ersten vier Wochen trinkt das Fohlen Muttermilch, Kolostrum, das von der Stute produziert wird und wichtige Abwehrstoffe enthält, damit es gegen Infektionen geschützt ist. Nach ca. sechs Monaten wird es von der Mutter abgesetzt und mit Mineral- oder Kraftfutter und Heu sowie Fohlen-Müsli ernährt. Innerhalb der ersten sechs Wochen wird der Nachwuchs zweimal gegen Tetanus geimpft, ebenfalls nach sechs Wochen erhält es die erste Wurmkur. Wenn ein Fohlen problematische Hufe hat, kommt der Schmied bereits nach drei Wochen, damit spätere Fehlstellungen vermieden werden können. Normalerweise jedoch werden die Hufe erstmals nach sechs Wochen reguliert. „Das Jährlingsalter ist die beste Zeit im Leben junger Pferde", lacht Sabrina Rethemeier. „Purer Genuss, weil noch niemand etwas verlangt. Die meiste Zeit verbringen sie in Gruppen auf der Weide, wobei sich schon nach kurzer Zeit herausstellt, wer hier das Sagen hat."

◤ Sabrina Rethemeier mit einem Stutfohlen von ‚Chacfly PS', einem Hengst, der bei Paul Schockemöhle steht.
◥ 1931 erbaut: der Rethemeier-Hof.
▼ Jährlinge auf der Weide.

▲▲ Lars Rethemeier beim Aufzäumen. Er reitet die jungen Pferde an.

▲ „Seh' ich nicht toll aus?", scheint dieses Fuchsfohlen mit der eleganten Blesse zu fragen.

► Immer dicht bei der Mutter: In den ersten Monaten ist der Kontakt nicht nur wegen der Nahrungsaufnahme ganz wichtig.

„WENN DIE HENGSTE ZWEIJÄHRIG SIND, BETRACHTET MAN SIE BEREITS NACH DEN KRITERIEN FÜR EINE MÖGLICHE KÖRUNG. BEURTEILT WIRD DER ‚GEBÄUDE' GENANNTE KÖRPERBAU UND DIE BEWEGUNGSMECHANIK – ENTSCHEIDEND IST ABER, OB DER BESITZER DAS ÜBERHAUPT MÖCHTE."

Ende September, Anfang Oktober finden die Vorauswahlen für die Hengstkörung statt. Ein Gremium von Fachleuten beurteilt, ob es sich lohnt, dass das Pferd Hengst bleibt und später deckt, oder ob es kastriert und damit „nur" Wallach wird. „Je nach Veranlagung reiten wir die Pferde, die bei uns stehen, als Dreijährige an. Allerdings sehr vorsichtig: Zuerst werden sie longiert, dann setzt sich der Reiter drauf, dann wird Schritt und ein bisschen Trab geritten und einmal links herum, einmal rechts herum galoppiert, das war's fürs Erste. Beim Freispringen erkennt man an Manier und Cleverness, ob sich ein junges Pferd später mal für den Parcours eignet", erzählt die zweifache Mutter, die übrigens seit der Geburt ihrer Söhne Ole (8) und Leo (4) selber nicht mehr reitet. Neben der Betreuung der Pferde und der Kunden kümmert sich die gelernte Kauffrau um die Büroarbeit, „meistens abends, wenn die Kinder schon im Bett sind". Natürlich ist die Zeit der Fohlengeburten jedes Jahr besonders aufregend – und manchmal auch ein bisschen traurig. „Man muss damit rechnen, dass es zwei bis drei Fehlgeburten gibt, welche die Stuten erstaunlich gut wegstecken. Für uns ist es jedes Mal ganz schlimm, ein totes Fohlen zu finden." Zwei bis drei Wochen vor der Geburt legt man den Stuten Gurte, sogenannte Geburtsmelder, um, die Signale ans Handy weiterleiten. „Wenn die Stute eine längere Zeit liegt, wird man automatisch angerufen. Dann tritt mein Schwiegervater in Aktion", lacht Sabrina Rethemeier. Als „optimalen Geburtsmonat" bezeichnet sie den Mai: „Da ist das Wetter schon gut genug, und die Kleinen können mit ihren Müttern gleich auf die Wiese."

◂ Am 18. März 2019 geboren: das Fohlen ‚J'adore Voyager'.
▸ Die Hengstfohlen werden separat von den Stutfohlen aufgezogen.
▸▸ Was gibt's da wohl Interessantes zu sehen?
◢ Das Fenster zum Hof – in diesem Fall kein Krimi.
◣ Eingang zum Hof: Hausnummer 86.

Hengstaufzucht
Rethemeier

Stall
Rethemeier
86

Sabrinas
TIPPS

KOSTENFRAGE

„EIN FOHLEN BEKOMMT MAN SCHON AB CA. 2500 EURO, FÜR EIN BESSERES – DAS ERKENNT MAN AM BEWEGUNGSABLAUF – SOLLTE MAN SCHON 5000 BIS 8000 EURO EINKALKULIEREN. NACH OBEN IST NATÜRLICH KEINE GRENZE GESETZT."

Fohlentaufe

„Ausschlaggebend ist der erste Buchstabe vom Namen des Vaters: Beginnt dieser beispielsweise mit R, könnte das Fohlen ‚Rudolf' heißen."

PROFI-KNOW-HOW

„Ein Fohlen ist kein Schoßhund und sollte auch nicht im Garten hinterm Haus gehalten werden. Erst durch fachgerechte Aufzucht kann es sich zu einem hoffentlich guten Pferd entwickeln. Das sollte jedem Käufer klar sein."

Mutterglück

„Die Besamung durch einen tollen Hengst verspricht nicht automatisch einen ebenso tollen Nachwuchs. Auch bei den Stuten sollte man darauf achten, dass es sich um qualitätsvolle Pferde handelt, die möglichst schon erfolgreich auf Turnieren vorgestellt worden sind. Ich halte nicht viel davon, Stuten zu jung, das heißt im Alter von drei oder vier Jahren, decken zu lassen."

Reitergene mit TEAMGEIST

VANESSA SCHOCKEMÖHLE

Mit dem Namen Schockemöhle verbindet die Reitszene in erster Linie die Brüder Alwin und Paul, beide mehrfach bei Olympischen Spielen im Springreiten ausgezeichnet, später vor allem im Trabsport und in der Zucht erfolgreich. Seit ein paar Jahren gibt es eine neue Generation – mit neuen Zielen: Vanessa, Tochter von Alwin und Rita Schockemöhle, spielt Polo. Und hat im heimischen Mühlen die erste Zucht für Poloponys in Europa aufgebaut.

GRAND PRIX
D'AMERIQUE
MARIONNAUD
2003

Wer Schockemöhle heißt, kommt an Pferden nicht vorbei. „Mit sechs saß ich das erste Mal auf einem Pony", erzählt die 33-Jährige. „Das war ein fuchsfarbenes Shetty namens ‚Dumbo' und wie alle Ponys so frech, dass es mich ständig abgeworfen hat." Später probierte sie es dann mit Springreiten, „doch so richtig toll wurde das nicht. Über L bin ich nicht hinausgekommen. Vielleicht war auch die Erwartungshaltung zu groß".

◤ Hand in Hand, Auge in Auge: Alwin Schockemöhle mit seinem Enkel Leon, dem Sohn von Vanessa.
◥ Siegertrophäen, dazwischen Kinderfotos von Vanessa und ihrer Schwester Christina.
◣ Am Poloplatz in Mühlen: Vanessa mit ihrer Mutter Rita.
◢ Die Vitrinen in Vanessas Elternhaus stehen ganz im Zeichen der sportlichen Karriere ihres Vaters.

Aber sie wusste genau, dass sie etwas mit Pferden machen wollte – irgendetwas, nur nicht Dressur, Springen oder Vielseitigkeit. So kam sie vor neun Jahren auf den damals in Deutschland noch relativ unbekannten Polosport. „In Lemförde, ungefähr eine halbe Stunde von Mühlen entfernt, gab es einen Poloclub, dort bin ich ein- bis zweimal in der Woche hingefahren und habe trainiert." Bald darauf spielte sie ihre ersten Turniere: „Beim Polo muss man nicht so lange üben wie für Dressur oder Springen. Es ist ja ein Mannschaftssport, und es ist wichtig, dass man mit seinen Teamkollegen und vor allem seinen Ponys harmoniert."

Sie erinnert sich: „Meine ersten Poloponys habe ich in Argentinien gekauft. Dort ist das größte Zuchtgebiet. Da man für ein Spiel vier Pferde braucht – wegen der Geschwindigkeit, dem plötzlichen Stoppen und dem schnellen Wenden ist das ziemlich anstrengend für jedes einzelne – ist das schon eine teure Angelegenheit."

Für ein gutes Polopony muss man in Argentinien zwischen 20 000 und 30 000 US-Dollar bezahlen. „Natürlich ist das im Vergleich zu einem Dressur- oder Springpferd relativ preiswert, aber da man immer vier braucht, summiert sich das. Und man muss ja auch noch den Flugtransport nach Deutschland dazurechnen." Ihr Lebensgefährte Patrick Maleitzke, Vater ihres siebenjährigen Sohnes Leon und einer der besten Polospieler Deutschlands – sein Team konnte Pfingsten 2019 das Beach-Poloturnier auf Sylt gewinnen –, kaufte einen Hengst, dann gab es die passende Stute dazu, und der Traum von der eigenen Poloponyzucht nahm konkrete Formen an. „Mittlerweile haben wir hier, auf dem Hof meines Vaters, sechs Polo-Argentino-Hengste, die Decktaxe liegt zwischen 1800 und 3000 Euro. Gefriersperma versenden wir quer durch Europa", erzählt Vanessa Schockemöhle und ist nun ganz die Tochter ihres Vaters Alwin, der sich 1977 wegen Rückenproblemen aus dem aktiven Sport zurückzog und fortan aus vollem Herzen der Zucht von Trabern widmete. Sein erfolgreichster Zuchthengst war ‚Diamond Way', dessen Nachkommen bei Rennen weltweit eine Summe von 63 Millionen Euro erzielten. Gefolgt von ‚Abano AS', der als zweites deutsches Pferd den Prix d'Amérique, der in der Nähe von Paris ausgetragen wird und mit fast einer Million Euro Siegerprämie dotiert ist, gewann.

„POLOPONYS KANN MAN NICHT MIT NORMALEN REITPFERDEN VERGLEICHEN. SIE SIND MAXIMAL 1,60 METER GROSS, MÜSSEN EINE INNERE RUHE HABEN UND DÜRFEN NICHT BOCKEN, DAMIT MAN SIE GUT REGULIEREN KANN."

▲▼ Polospiel in vollem Gange.
► Vanessa auf ihrer selbst gezogenen Stute ‚Curiosa'. Typisch Polo: ihre an einen Tropenhelm erinnernde Kopfbedeckung und die gepolsterten Knieschoner.

„Vor allem müssen sie flüssig galoppieren, und zwar nicht bergauf wie Dressurpferde, sondern eher flach. Traben können sie gar nicht, für den Dressursport wären sie also völlig ungeeignet. Mehr als vielleicht mal ein kleines E-Springen ist da nicht drin." Die Regeln für ein Polospiel sind international festgelegt: Das Feld ist 274 Meter lang und 182 Meter breit. Die Tore sind 7,30 Meter breit und nach oben offen – innerhalb der Torpfosten gilt ein Ball in jeder Höhe als Treffer. „Jede Mannschaft besteht aus vier Spielern", erklärt Vanessa. „Zwei sind für den Angriff verantwortlich, Nummer 3 ist der Kapitän, Nummer 4 der Verteidiger. Ein Spiel besteht aus vier Abschnitten, den Chukkas, die jeweils 7½ Minuten dauern. Nach jeder Einheit werden die Pferde gewechselt, deshalb werden sie auch nicht überstrapaziert, was viele Kritiker unserer Sportart bemängeln."

Ungefähr 50 Ponys stehen mit ihren Fohlen auf dem Hof Schockemöhle. Vanessa kümmert sich um die Zucht, Patrick um den Verkauf. Und Leon reitet gelegentlich auf einem Shetty vorbei. Vanessas größtes Pferdeglück: „Ich liebe den Teamgeist, der durch unseren Sport gefördert wird. Und wenn dann im Frühjahr und Sommer die Fohlen geboren werden, die ja quasi vor unserer Haustür aufwachsen – das ist mein Schönstes."

1
ona
VS

SCHOCKEMÖHLE
POLO STUD

◂ Pfleger Franco managt die Polopferde.

Vanessas
TIPPS

Schuhcode für Gäste

„Es ist üblich, dass bei Rasenturnieren in der Halbzeitpause die aufgeworfenen Rasenstücke von den Zuschauern wieder eingetreten werden. Deshalb niemals in High Heels zum Polo! Aber jeder flache Schuh wird gern gesehen."

Ausrüstung

„Anders als im normalen Reitsport trägt man beim Polo einen stabilen Helm, der traditionell einem Tropenhelm nachempfunden wurde. Über den Stiefeln werden Knieschoner aus dick gepolstertem Leder angebracht. Das erweist sich beispielsweise beim Wegdrängen eines Gegners als nützlich. Und natürlich braucht man einen Stick aus Weiden- oder Bambusholz, der in einer sogenannten Zigarre endet, mit der man den Ball schlägt."

GELÄNDE-GARANTIE

„AUSGEDIENTE POLOPFERDE SIND IDEAL FÜR FREIZEITREITER, DIE OHNE GROSSE AMBITIONEN DURCH DEN WALD ODER AM STRAND ENTLANGREITEN MÖCHTEN. SIE HABEN VOR NICHTS ANGST. MAN MUSS SICH NUR DARÜBER IM KLAREN SEIN, DASS TRAB NICHT IHRE SPEKTAKULÄRSTE GANGART IST. SIE KÖNNEN ES, ABER EHER IN BESCHEIDENEM AUSMASS."

MEISTERIN
der leisen Töne

MONICA THEODORESCU

Wenn die Bundestrainerin der deutschen Dressurmannschaft bei wichtigen Turnieren am Abreiteplatz steht und ihren Schützlingen per Headset letzte Tipps gibt, fallen keine lauten Worte. Und es werden auch keine langen Geschichten erzählt. Kurze, aber präzise Anweisungen wie „Versammeln“, „Biegung“, „mehr Hinterhand“ reichen aus. Und zwischendurch kommt immer wieder mal ein „sehr gut“.

LVM
K
K

Monica Theodorescu wurde das Pferdegen in die Wiege gelegt. Ihr Vater George war Jurist und gehörte zur rumänischen Olympia-Dressurequipe – 1956 bei den Spielen in Stockholm lernte er seine spätere Frau Inge kennen. Anlässlich des CHIO in Aachen 1959 setzte er sich vom Team ab und blieb im Westen.

◤ Monica Theodorescu beim Coaching am Abreiteplatz in Hagen am Teutoburger Wald.
◥ Nach siegreichem Ritt umarmt sie die Dressurreiterin Helen Langehanenberg.
▼ Konzentration beim Abreiten: Helen mit ihrem achtjährigen Westfalen ‚Vayron'.

Ihre Mutter Inge, in erster Ehe mit Springlegende Hans Günther Winkler verheiratet, war eine geborene Fellgiebel und stammte ebenfalls aus einer Reiterfamilie: „Mein Großvater Hans, Landstallmeister in Bad Harzburg, war während des Krieges in Polen und fuhr dort sogar 13-spännig", erzählt die zierliche Frau mit der unverkennbaren Kurzhaarfrisur, die ihrem Vater so ähnlich sieht und alles in allem „überhaupt total Vaters Tochter ist". Dreimal gewann sie mit der deutschen Mannschaft olympisches Gold: 1988 mit ‚Ganimedes' in Seoul, 1992 mit ‚Grunox' in Barcelona und 1996 in Atlanta, ebenfalls mit ‚Grunox'. Seit 2012 ist sie Bundestrainerin und führt die deutschen Dressurreiter von Erfolg zu Erfolg.

„ICH SASS AUF DEM PFERD, BEVOR ICH LAUFEN KONNTE. MEIN VATER HOB MICH EINFACH ZU SICH IN DEN SATTEL. SO LERNTE ICH SCHON FRÜH DIE WELT AUS DER REITERPERSPEKTIVE KENNEN."

Mit drei bekam die heute 56-jährige Monica ihr erstes eigenes Pony, das schwarze Shetty ‚Blacky'. „Ein absolutes Mistvieh", lacht sie heute. „Es hat mich unzählige Male abgeworfen. Damals hatten Ponys noch nicht diesen Zuchtstandard wie heute, die waren einfach kurzbeinig und frech." Irgendwann hatte Opa Fellgiebel Mitleid und entdeckte eine kleinere schwarzbraune Vollblutstute, die sich nicht gern von Erwachsenen reiten ließ: „Das wurde dann mein Kinderreitpferd. Sie hieß ‚Meise'." Mit ihr konnte die damals Sechsjährige problemlos alles machen: reiten, longieren, putzen. „Ich war eigentlich immer auch ein sehr guter Pferdepfleger. Striegeln, einflechten, bandagieren – all das habe ich geliebt. Wenn es irgendwelche neuen Gamaschen oder Zügel gab – an ‚Meise' musste ich alles ausprobieren." Die Stute wurde Monicas Lehrmeister, obwohl sie damals von Turnieren noch weit entfernt war. „Ich bin mal ein bisschen schneller und mal langsamer geritten, durchs Gelände oder auch mal über einen Sprung, mal einen fliegenden Wechsel – das war's." Ab und zu durfte sie probeweise auf einem der Pferde ihrer Eltern sitzen: „Das war natürlich klasse, das fühlen zu dürfen."

Erst als sie zwölf war und ein gutes reiterliches Fundament hatte, wurde das Thema Turnier relevant. „Ich finde es auch heute noch absolut richtig, dass ein Kind spielerisch den Umgang mit Pferden lernt und dann – je nach Talent – entschieden wird, ob man mehr daraus machen möchte." Die Eltern beschlossen, mit ihrer Tochter zur Hannoveraner-Auktion nach Verden zu fahren und dort ein entsprechendes Turnierpferd zu ersteigern. „Das war

▲▲ Monica Theodorescu beim täglichen Spaziergang mit ihrer Foxterrier-Hündin ‚Quadra' und ihrer Rottweilerin ‚Hope'.
▲ Mit ihrem mittlerweile 21-jährigen Erfolgspferd ‚Whisper'.
▶ Immer noch eine imposante Erscheinung: ‚Whisper' von ‚Welthit'. Bevor Monica Theodorescu Bundestrainerin wurde, errang sie 2012 zahlreiche Siege und Platzierungen auf Turnieren wie Aachen und Balve.

1975. Damals gab es ja noch keine Videos wie heute, man wälzte Kataloge, traf eine Vorauswahl, fuhr hin und probierte aus", erinnert sich Monica. First Choice war eine Stute namens ‚Wintermärchen', die leider das von den Theodorescus gesetzte Limit von 30000 DM überstieg. Stattdessen wechselte dann der damals dreijährige Schimmel ‚Colorado', ein Sohn des Zuchthengstes ‚Cardinal', in ihren Stall. Er wurde übrigens von Ullrich Kasselmann vorgestellt, mit dem George Theodorescu eine lebenslange Freundschaft pflegte. „Mit ‚Colorado' bin ich dann alles geritten", erzählt sie. „Von ländlichen Turnieren bis zur Westfälischen Meisterschaft, Aachen und meinem ersten Grand Prix."

„BIS ZU SEINEM TOD MIT 28 BLIEB ER BEI UNS, DIE LETZTEN JAHRE ALLERDINGS NUR AUF DER WIESE."

1978 war die Familie nach Füchtorf auf das Gestüt Lindenhof gezogen. Nach dem Tod ihrer Eltern wurde das Anwesen verkauft, Monica bewohnt aber zusammen mit ihrem Mann Burkhard Ernst noch heute ein Haus auf dem Gelände. Ebenfalls durch den Kontakt zu Kasselmanns kamen die Pferde ‚Ganimedes' und ‚Grunox' auf den Lindenhof. ‚Grunox' blieb zwar offiziell im Besitz von Ulli, aber da er ziemlich schwierig sein konnte – er hatte einen Zungenfehler und war sehr ängstlich – und ich jedoch sehr gut mit ihm harmonierte, blieb er immer bei mir. Bis zu seinem Tod mit 26 war er ein ganz tolles Pferd."

Es gab aber auch dunkle Momente in ihrer Reitkarriere. Der traurigste: Nach dem Weltcup-Sieg in Neumünster 2003 hatte sich ihre Stute ‚Renaissance Fleur' im Stall losgerissen. Es war Februar, der Boden gefroren. Ein falscher Tritt, das Pferd stürzte und erlitt einen Trümmerbruch im Fesselbein.

◂ Am Rande des Dressurvierecks in Hagen am Teutoburger Wald verfolgt Monica Theodorescu den Ritt von Helen Langehanenberg.
▸ Doppelerfolg: Helen Langehanenberg gewann mit ‚Vayron' die Qualifikation zum Nürnberger Burgpokal und wurde mit ihrem weiteren Pferd ‚Frank Sinatra' Zweite.

„NACH DEM PLÖTZLICHEN TOD DES DAMALIGEN BUNDESTRAINERS HOLGER SCHMEZER WURDE MIR SEINE NACHFOLGE ANGEBOTEN."

„Zuerst war ich erschreckt und verwundert, dass man mir diesen Job zutraute. Ich überlegte ungefähr ein Jahr, bis ich endgültig zusagte, denn ich wollte ganz sicher gehen, dass ich gute Arbeit leiste." Mittlerweile begleitet sie die deutschen Kaderreiter zu sämtlichen internationalen Turnieren im In- und Ausland. Teilweise besucht sie ihre Schützlinge auf ihren Anlagen, um sie dort im Vorfeld zu trainieren. Oder es kommen mal welche ins Leistungszentrum nach Warendorf, wo sie selber noch sechs Pferde eingestellt hat, die sie auch, wann immer es zeitlich passt, reitet. Bei Lehrgängen „entdeckt" sie, meist auf Empfehlung der Jugendtrainer, junge Nachwuchstalente. „Das geht bereits im Alter von zwölf, 13 los." Im Senioren-Olympiakader betreut sie sechs Reiter, ebenso mit Co-Trainer Jonny Hilberath sechs weitere im sogenannten Perspektivkader. Dazu kommen noch fünf bis sechs Reiter, die sie privat gebucht haben. Turnierfavoriten? „Am liebsten die mit einer Kombination von guten Restaurants", lacht Monica Theodorescu. Man sieht's der zierlichen Person nicht an.

Monicas TIPPS

Jugendarbeit

„Man sollte vor allem jüngere Kinder spielerisch an den Umgang mit dem Pferd gewöhnen. So wie das bei mir und ‚Meise' war. Nicht nur reiten, sondern auch putzen, bandagieren, schon mal das Einflechten der Mähne üben. Das alles hilft, das Vertrauensverhältnis zu verbessern. Das Schlimmste sind Mütter, die ihren Kindern alles abnehmen wollen. Oder die einen despektierlichen Umgangston mit dem Pflegepersonal führen."

PFERDETYP ERKENNEN

„Vom Exterieur und von den Grundgangarten züchtet man heute ganz anders als früher. Man verwendet dafür den für Laien merkwürdigen Begriff ‚moderne Aufmachung'. Der beinhaltet, dass die Pferde heute leichter und eleganter gebaut sind und auch leichtfüßiger gehen. Wichtig ist eine Bergauf-Haltung. Das bedeutet, dass das Seitenbild eher schräg nach oben als nach unten zeigt. Dadurch kann sich auch ein kleineres Pferd groß machen und die nötige Präsenz für einen Auftritt im Dressurviereck mitbringen."

Reitertalent

„Ich erkenne am Gefühl, das der Reiter für die Bewegung des Pferdes mitbringt, und an seiner Einstellung zum Leistungssport, ob er sich auf die Kreatur Pferd einlässt oder dieses nur als Sportgerät behandelt. Es gibt schon ganz toll reitende Kinder, die extrem balanciert im Sattel sitzen, aber das kann sich im Laufe des Wachstums wieder verändern. Mit 16 kann man das schon verlässlich feststellen. Dazu gehören natürlich auch die nötige Disziplin, das Durchhaltevermögen, der Verzicht auf vieles und die Bereitschaft, sich mitunter ein bisschen zu quälen. Zum Beispiel zusätzlich zum Reitsport im Fitnessstudio zu trainieren, je nach Budget mit Personal Coach. Je fitter der Körper ist, desto besser ist die Haltung auf dem Pferd und die Kraft- und Koordinationsumsetzung. Gerade in der Dressur sieht schlank nun mal eleganter aus als pummelig. Aber da muss man sehr vorsichtig sein. Die einzige Bemerkung, die ich mir mal erlaube, ist: Weihnachten war aber gut bei euch, oder?"

GANZ

oder gar nicht

KATHARINA HAU

Ein Hof mit allem, was die Herzen von Zwei- und Vierbeinern höher schlagen lässt. Im Training wie auf Turnieren stets wie aus dem Ei gepellt. Eigens komponierte Kürmusik, die 100-prozentig mit den Lektionen harmoniert. Die gebürtige Münchnerin, die seit sechs Jahren mit ihrer Familie bei Landshut lebt, hat sich die Latte hoch gelegt. Und das, obwohl sie „nur" im Viereck an den Start geht. Da aber – wie könnte es anders sein – in höchsten Schwierigkeitsgraden.

C

Durch ihren Vater, Springreiter Michael Birkenholz, wurde Katharina Hau schon früh mit Pferden vertraut. „Als ich ein ganz kleines Mädchen war, gab es noch keine Pony-Führzügelklasse. Also wurde ich auf eins der Großpferde von Papa gesetzt und auf Turnieren rumgeführt“, erinnert sich die 33-Jährige lachend.

▲ Blick in die Reithalle.
◀ Gäste willkommen: Katharina Hau an ihrer Eingangstür.
▶ Eine Pferdeskulptur bewacht Wohnhaus und Stallgebäude.

Als der Vater mit dem Reiten aufhörte, war auch erst einmal für ‚Katha', wie sie allgemein genannt wurde, Schluss: „Erst als ich zwölf war, konnte ich ihn davon überzeugen, dass ich es mit den Pferden ernst meinte. Wie sehr, musste ich ihm aber erst einmal beweisen. Aus der Zucht von Freunden bekam ich eine dreijährige Stute, ‚Püppi', bildschön, aber auch eigensinnig. Ich war ja reiterlich ein totales Greenhorn, bin quasi jeden Tag runtergefallen und unermüdlich wieder aufgesessen.“ Nicht gerade die klassische Art, in den Dressursport einzusteigen – „aber ich habe von ‚Püppi' viel gelernt. Vor allem, dass man bei Pferden viel Geduld walten lassen muss. Mit Hauruck geht da gar nichts“. Als sie 16 wurde, hatte der Vater ein Einsehen und fand, seine Tochter hätte sich nun lange genug durchgebissen und bewiesen, dass sie ein besseres Pferd verdienen würde. Bereits ausgebildet und mit der Perspektive, auf Turnieren zu starten.

„SO BEKAM ICH AUF VERMITTLUNG DES AUSBILDERS WOLF-DIETER BÖTTCHER, DER EINE ANLAGE IN BRUNNTHAL BEI MÜNCHEN BETRIEB, DEN DAMALS ZWÖLFJÄHRIGEN ‚ROCADERO'. ER WAR EIN SEHR GUTES M-PFERD UND LERNTE DANN ALLE S-LEKTIONEN MIT AUSNAHME DER PASSAGE. FÜR MICH WAR ER EIN SUPER LEHRMEISTER.“

In wenigen Monaten steigerte sich Katha von E- auf L-Dressur, startete Ende des Jahres bereits in M und begann im darauffolgenden Jahr mit ersten S-Dressuren. „Ich konnte schnell aufholen, was ich als Kind verpasst hatte, denn im Vergleich zu vielen anderen hatte ich ja keine Pony-Zeit absolviert.“ ‚Rocadero' blieb bis an sein Lebensende bei seiner Reiterin: „Als er 18 oder 19 war, gewannen wir noch eine S-Dressur. Und da beschloss ich dann, dass er den Höhepunkt seiner Karriere erreicht und sich seinen Ruhestand verdient hatte.“ Als sie 20 war, kam ‚Don Chuan' zu ihr, „ein tolles Pferd, aber auch er leider ohne Talent zur Passage“.

„Ich hatte Internationale BWL studiert und stand vor der Entscheidung: Beruf oder weiterreiten, diesmal aber möglichst auf höchstem Niveau. Ich setzte mir eine Frist: Wenn ich in einem bestimmten Zeitraum ein Pferd finde, das mich noch weiterbringt, würde ich meine Zukunft ganz dem Reitsport widmen.“ Bei dem bayerischen Dressur-Crack Uwe Schwanz, damals noch in Thann beheimatet, fand Katharina dann den siebenjährigen ‚Don Androsso', der bereits in einer Jungpfer-

▲▲ Stalltrakt mit gutem Blickkontakt.
▲ Ein Teil der Schleifen, die Katha mit ‚Don Androsso' gewonnen hat.
➤ Eitles Mädchen: ihre Stute ‚Look at Me'.

de-S-Dressur platziert war. ‚Andi' wurde ihr Erfolgspferd, mit dem sie Grand-Prix-Siege und Platzierungen sammeln konnte, bis er mit 16 an einem Schlaganfall infolge eines Tumors im Rückenmark ganz plötzlich verstarb. Von dem Schock hat sich Katharina bis heute nicht erholt – als sie die traurige Geschichte erzählt, kullern selbst nach vier Jahren noch die Tränen. Ihr schönster gemeinsamer Erfolg war der Sieg in einer Kür bei dem renommierten Turnier in Heroldsberg – die Musik hatte sie eigens für ‚Andi' komponieren lassen. „Die ist so schön, ich höre sie mir ganz oft an, wenn ich mit meinen Pferden im Transporter zu Turnieren fahre."

„MIT MEINEM MANN MARC HATTE ICH DEN ENTSCHLUSS GEFASST, IRGENDWANN EINE EIGENE REITANLAGE ZU BAUEN ODER ZU KAUFEN."

„Uns kam zu Ohren, dass sich der bekannte bayerische Springreiter Jürgen Kraus aus dem Sport zurückziehen wollte. Da haben wir dann einfach mal nachgefragt, ob er vielleicht seinen Hof verkaufen wollte. So sind wir vor sechs Jahren nach Altfraunhofen bei Landshut gekommen." Die sieben Hektar große Anlage mit Wohnhaus, üppig blühendem Garten mit Pool, Reithalle, Stall, Dressurviereck, zwei Paddocks, fünf Koppeln und zwei Heuwiesen – „wir produzieren unser eigenes Heu" – ist nun die Heimat von Marc und Katharina Hau, dem zweijährigen Sohn Max, der Rhodesian-Ridgeback-Hündin ‚Kaya' sowie neun Pferden. Der Stalltrakt ist halbrund und luftig gebaut, alle Pferde können sich sehen und miteinander kommunizieren, da die Trennwände nicht hochgezogen sind, sondern aus Stäben bestehen. Zusammen mit einer Pflegerin, die ausgebildete Tierarzthelferin ist und auch mitreitet, sowie einem Pfleger bewirtschaftet Ka-

tharina die Anlage allein. „Natürlich ist es ein Traum, so einen Hof zu haben“, sagt sie, stellt aber gleichzeitig klar: „Da steckt viel Arbeit drin. Fast jeden Tag ist irgendetwas zu reparieren. Zum Glück ist mein Mann darin sehr begabt, denn wir liegen ja recht abgeschieden, und Handwerker sind schwer zu bekommen. Morgens um 6.30 Uhr geht hier der Betrieb los. Manchmal ertappe ich mich bei dem Gedanken, dass ein geregeltes, normales Leben auch nicht zu verachten wäre …“ Nachmittags um 15 Uhr holt sie Max aus dem Kindergarten ab, bis dahin müssen die Pferde geritten sein, „denn dann möchte ich für unseren Sohn da sein“. Ab und zu leistet sie sich zusammen mit ihrem Mann, der in Landshut eine Agentur betreibt, eine Woche Urlaub. Beispielsweise Golfspielen in Portugal, „damit sein Hobby nicht zu kurz kommt“. „Aber – wie andere – einfach mal die Tür zusperren und drei Wochen wegfahren, geht nicht. Schon wegen der Turniere. Und die Pferde unterscheiden auch nicht, ob es Sonntag oder Montag ist. Für die ist jeder Tag gleich.“ Große Hoffnung setzt sie in ihren vierjährigen ‚Vive l'Amour‘, den sie von ihrem Mann als Fohlen bekam – „an dem Tag, als ‚Andi‘ gestorben ist. Er ist ein Fuchs mit einer kleinen Blesse und vier weißen Beinen, genau wie der ‚Andi‘“.

◂ Kathas Nachwuchshoffnung, der vierjährige Wallach ‚Vive l'Amour‘, den sie von ihrem Mann Marc als Fohlen bekam.

▴ ‚Look at Me‘ und Katharina genießen die Landschaft.

▾ Hinter dieser Boxenbeschilderung residiert ‚Fifth Avenue‘, genannt ‚Fifi‘.

Katharinas
TIPPS

Gestiefelte Katha

„Die besten Reitstiefel fertigt Peter Kempkens in Krefeld an. Er ist auf allen großen Turnieren mit einem Stand vertreten, wo er Maß nimmt und einen bestens berät. Ich habe mittlerweile 15 Paar Stiefel in allen möglichen Farben, weil ich mich von keinem trennen kann. Am liebsten trage ich vorn geschnürte, weil ich die zwischendurch auch mal lockern und damit bequemer anpassen kann."

Immer pferfekt

„BEI KLEINEREN DRESSURPRÜFUNGEN UND IM TÄGLICHEN TRAINING REITE ICH NATÜRLICH MIT KAPPE. WENN ICH IM FRACK AN DEN START GEHE, VOR ALLEM IM GRAND PRIX UND IN DER KÜR, TRAGE ICH ZYLINDER UND DIE HAARE ZUM NACKENKNOTEN GESTECKT. FÜR DEN FALL, DASS MEINE HAARE MAL KÜRZER SIND, HABE ICH MIR AUS MEINEN EIGENEN LANGEN HAAREN EINEN DUTT MACHEN LASSEN, DEN ICH DANN ANKLIPSE. ELEGANZ IST MIR GANZ WICHTIG."

HOFLEBEN

„Wer sich eine eigene Reitanlage anschafft, sollte sich gründlich darüber im Klaren sein, dass es nicht darum geht, einen Mädchentraum zu verwirklichen. Es bedeutet auch Verzicht auf vieles: nie ausschlafen, immer selbst mit anpacken, mitunter auch Pech mit der Heuernte, ständiger Kontakt mit Schmied und Tierarzt, denn ein Pferd hat immer irgendetwas. Doch genieße ich das Leben im Stall. Ich liebe es, zu putzen, zu füttern und zuzuschauen, wie alle in Ruhe fressen. Das vermittelt mir das Gefühl von Ruhe und Gelassenheit."

Pferdefrau mit LEIB & SEELE

BIANCA KASSELMANN

Zusammen mit ihrem Mann Ullrich hat die Berufsreiterin den Hof Kasselmann in Hagen am Teutoburger Wald zu einem Pferdezentrum der besonderen Art gemacht. Alles ist vom Feinsten: die Location. Die Auswahl der zum Verkauf stehenden Dressur- und Springpferde. Die Auktionen. Und nicht zuletzt das Horses-&-Dreams-Turnier, mit dem im Frühjahr die unter Reitern sogenannte „Grüne Saison" eröffnet wird.

Erbaut Anno 2000
Bianca & Ulrich Kasselmann

HERMÈS

„Bei uns kann man den Pferdebazillus an jeder Ecke spüren", lacht Bianca Kasselmann und führt durch ihr im Cottage-Stil eingerichtetes Haus auf die großzügige Terrasse. Hier ist ein Tisch für eine größere Gesellschaft eingedeckt und wartet auf Abendgäste. Die Kasselmanns sind für ihre Gastfreundschaft bekannt. Und Bianca steht am liebsten selbst in der Küche, denn „Kochen ist neben den Pferden und meinem Garten eine ganz große Leidenschaft".

▲ Eins der vielen gemütlichen Häuser, die zum Hof Kasselmann gehören.
◀ Bianca Kasselmann in ihrem „Fotozimmer", das an viele große Erfolge erinnert.
▶ Die gekreuzten Pferdeköpfe sind ein typischer Giebelschmuck in Niedersachsen.

Seit 43 Jahren ist sie mit ihrem Mann Ulli verheiratet. Kennengelernt haben sich die beiden beim Reiten der Auktionspferde im niedersächsischen Verden. „Ich hatte meine Bereiterlehre bei Hans-Joachim und Helga Köhler in Verden gemacht – Hans-Joachim hatte ja 1949 die Verdener Auktion ins Leben gerufen, auf der talentierte Hannoveraner Nachwuchspferde für Dressur- und Springsport versteigert wurden." Ende der 1960er-Jahre ritt das Nochnicht-Paar gemeinsam bei Köhlers, doch hielt sich Biancas Begeisterung für Ulli in Grenzen, „weil er zu kurze Beine und zu kurze Stiefel hatte – das war nicht so mein Fall". Dann die entscheidende Wende: „Ich saß auf einem sehr temperamentvollen Pferd, das seinen ganzen Ehrgeiz darin legte, mich abzuwerfen – was ihm auch gelang. Das machte mich so wütend, dass ich sofort wieder aufstieg und weiterritt. Ulli war wohl so beeindruckt, dass er von da ab um mich rumgeschwirrt ist, bis ich mich so richtig verliebt habe. Mittlerweile sind wir seit 43 Jahren verheiratet", erzählt die 67-Jährige, die eigentlich viel jünger ist, weil sie an einem 29. Februar geboren wurde und somit nur alle vier Jahre Geburtstag hat.

„Turniere waren und sind eine ganz besondere Herausforderung für mich. Als Berufsreiterin war ich Deutsche Meisterin im Springen und in der Dressur. Durch meinen Mann habe ich mich ganz auf Dressur konzentriert und bin noch heute am Start." Wie fast jede Reiterin hat Bianca Kasselmann trotz oder gerade wegen der Vielzahl der Pferde, die sie unterm Sattel hatte, einen ganz besonderen Liebling. „Das war der Dressurhengst ‚Welthit O' – das O steht für Oldenburg –, den wir zweieinhalbjährig auf einer Auktion in Vechta kauften. Allerdings war er dort nicht gekört worden. Als wenig später die Kommission bei uns hier auf dem Hof zu Gast war, holte ich zum Spaß den Hengst aus seiner Box und kam mit ihm an unsere Bar. Er war cool wie ein Gentleman – ‚da haben wir wohl einen Fehler gemacht', meinten die Herren vom Prüfungsausschuss. Und so wurde er nachträglich doch noch gekört." Als Dreijähriger wurde ‚Welthit' unter Bianca Kasselmann Zweiter im Bundeschampionat, ein Jahr später konnte das Paar den ersten Platz belegen. Dann wurde er über die von Ullrich und dem ehemaligen Springreiter Paul Schockemöhle initiierte Performance-Sales-International-Auktion (P.S.I.), die alljährig Anfang Dezember stattfindet, an eine Reiterin verkauft. Sie brachte ihn aber sechsjährig nach einer Kolik zu Bianca zurück mit der Bitte, ihren ehemaligen Liebling wieder aufzupäppeln. Und das ist ihr richtig gut gelungen: Achtjährig qualifizierte sich das Paar in der anspruchsvollen Prüfung „Nürnberger Burgpokal" und wurde im Finale Vierter.

▲ Blick in den Auktionskatalog.
▼ Beim Training fürs Turnier.
▼▼ Zum Wohl! Am Rande des Turniergeschehens lässt man es sich gern gut gehen.
▶ Neugierige Besucher bestaunen die Auktionspferde.

„Mein Mann sagte damals, ich solle ihn behalten, und kaufte ihn seiner Besitzerin für teures Geld wieder ab." Weitere Erfolge, unter anderem Siege im Grand Prix, folgten – und leider irgendwann auch wieder eine Kolik. „Er blieb drei Wochen in der renommierten Tierklinik Telgte, wurde noch zweimal nachoperiert und war zum Schluss nur noch Haut und Knochen. Als er das letzte Mal in den OP geführt wurde, drehte er sich noch mal zu mir um und wieherte, wie um sich für immer zu verabschieden. Dieses Bild werde ich nie wieder los" – jetzt stehen Tränen in Biancas Augen. „Wenn ich mal in einer Kirche sitze, denke ich immer an meinen ‚Welthit'."

„VOR DEM TURNIER IST NACH DEM TURNIER. MIT MEINEM ZEHNKÖPFIGEN TEAM BEREITEN WIR JEDES JAHR AKRIBISCH UNSER HORSES-&-DREAMS-TURNIER VOR. SEIT ZWEI JAHREN FINDET ZEITGLEICH AUCH EINE AUKTION STATT."

Der Hof Kasselmann in Hagen am Teutoburger Wald, idyllisch gelegen am Fuße des Borgbergs, befindet sich seit 1322 in Familienbesitz. 50 Hektar Gelände mit diversen Stallungen, Fachwerkhäusern, in denen

uvex

Bianca und Ulli sowie der mittlerweile 38-jährige Sohn und Nachfolger François mit seiner Frau Diana und den beiden ebenfalls reitenden Töchtern Emma (8) und Lilly (6) wohnen. Es gibt ein herrliches Springareal mit entsprechendem Abreiteplatz, das Gleiche gilt für die Dressur. Während des Turniers verlocken zahlreiche Stände mit Angeboten diverser Hersteller von Reitsportartikeln zum Shopping. Wer ein bisschen tiefer in die Tasche greifen möchte: Es gibt ja auch noch die Auktion, die allerdings online – und das ist der entscheidende Unterschied zur P.S.I. – stattfindet. „Mein Mann hatte vor ein paar Jahren die Idee, für das Turnier ein Partnerland zu gewinnen, um das sich auch das Rahmenprogramm rankt. 2019 war es Frankreich, im nächsten Jahr wird es Japan sein, als Hommage an die Olympischen Spiele.“ Insgesamt 80 Personen sind auf dem Hof angestellt, für Büro, Haushalt, Küche und natürlich den Stallbereich. Mittlerweile gehören viele von ihnen quasi zur Familie wie die Dressurreiterin Insa Hansen und die Pflegerin Ella, die seit 35 Jahren mit dabei sind. Harmonie ist Bianca Kasselmann wichtig. Und das Glück, mit ihren Pferden jeden Tag neu zu entdecken.

„AUCH WENN ICH GELERNT HABE, PFERDE AUSZUBILDEN – ES GIBT NICHTS SCHÖNERES ALS ZU ERKENNEN, DASS SIE SPASS AM LERNEN HABEN UND EINEN VERSTEHEN. DASS MAN SIE AUF SEINER SEITE HAT …“

◂ Eins der 20 Auktionspferde wird vorgestellt.
▴ Beim Turnier laden zahlreiche Stände mit Angeboten diverser Hersteller zum Shopping. Hier gibt es auch den passenden Dressurfrack.
▾ Überall in den Stallungen erzählen Schleifen von Erfolgen.

Biancas
TIPPS

Dresscode

„Im täglichen Training und bei Prüfungen bis Klasse M, im Springen auch höher, finde ich schützende Reitkappen angebracht – vor allem für Kinder. Wir Erwachsenen sollten da unbedingt mit gutem Beispiel vorangehen. Aber wenn man in der Dressur in Klasse S, vor allem im Grand Prix, im Frack an den Start geht, gibt es für mich nur eine Kopfbedeckung: den klassischen Reitzylinder. Da denke ich einfach elegant."

Horse-Shopping

„Um das richtige Pferd zu finden, sollte man sich erst einmal darüber im Klaren sein, was man eigentlich möchte: Freizeit, Dressur, Springen. Kann ich das Pferd selber ausbilden oder sollte ich einen Bereiter engagieren? Entscheidend ist, dass man sich beim Ausprobieren auf dem Pferd wohlfühlt. Da sind Farbe und Geschlecht völlig egal. Viele Leute kaufen Pferde mittlerweile auch im Internet, aber ich finde, man muss das Tier sehen und fühlen."

MONEY, MONEY

„FÜR EIN QUALITÄTVOLLES DREIJÄHRIGES PFERD SOLLTE MAN AB 20000 EURO AUFWÄRTS RECHNEN – DAS KANN MITUNTER AUCH HÖHEN VON BIS ZU 500000 EURO ERREICHEN. ABER MIT VIEL GLÜCK KANN MAN AUCH SCHON FÜR 15000 EURO EIN GUTES PFERD FINDEN. WIE GESAGT, ES KOMMT IMMER DARAUF AN, WAS MAN SUCHT. UND WAS MAN AUSGEBEN MÖCHTE."

Unabänderliches hinzunehmen, Mögliches zu ändern, das Ein

Volle Fahrt VORAUS

MARIE TISCHER

Romantik pur: Wenn die 21 Jahre junge Neu-Isenburgerin auf dem Bock ihrer Dressurkutsche sitzt und mit unsichtbaren Hilfen ihren braunen Wallach ‚Fortino' über den weitläufigen Reitplatz lenkt, wäre man nicht überrascht, wenn sich am Horizont die Türme eines Schlosses abzeichnen würden. Oder wenigstens die Säulen des Herrenhauses „Tara" aus dem Film „Vom Winde verweht".

Marie Tischer gehört zu den erfolgreichsten Fahrsportlerinnen Deutschlands. Mit Romantik hat das weniger zu tun als mit systematischem Training, initiiert durch ihren Vater Peter, der ebenfalls erfolgreicher Fahrer war und seit 2016 das Pferdesportzentrum Neu-Isenburg leitet.

◤ ‚Fortinos' Fliegenmützchen hat Marie mit ihren Initialen „MT" besticken lassen.
◥ Bei Dressurprüfungen trägt die Fahrerin geschnürte Stiefeletten mit Lackkappe.
◢ Wo, bitte, geht's zum Schloss?
◣ Wichtig: Vor einer Prüfung muss die Kerze der Kutschenlaterne gebrannt haben, sonst gibt es Punktabzüge.

Bereits zweimal wurde die Tochter Vize-Europameisterin (2016 und 2018). Besonders stolz ist sie darauf, dass sie mit ihrem achtjährigen ‚Fortino' – „tolle Abstammung von ‚Fidertanz' und ‚De Niro'", schwärmt sie – zweimal hintereinander die Weltmeisterschaft der jungen Fahrpferde gewinnen konnte.

„Wie die meisten Pferdemädchen habe ich schon sehr früh mit dem Reitsport begonnen. Das lag bei uns in der Familie. Zuerst wollte ich nur reiten, aber durch ein Jugendturnier ganz in der Nähe, bei dem auch gefahren wurde, bin ich auf den Geschmack gekommen." Bereits als Zehnjährige fuhr Marie vierspännig: ‚Romeo' und ‚Julia', ‚Tristan' und ‚Isolde' zogen die Ponykutsche mit dem kleinen Mädchen – „das ist nichts Ungewöhnliches, in diesem Alter fängt man normalerweise an", erklärt sie. Die klassische Ausbildung beginnt mit einem Fahrkurs, am besten mit einem erfahrenen Pferd und mit einem Fahrlehrer neben sich – so ähnlich wie beim Führerschein. „Da wir ja auch Verkehrsteilnehmer sind – neben Turnieren fahre ich auch für Hochzeiten oder Geburtstagsfeiern –, muss man sich genau an die Straßenverkehrsordnung halten. Vergleichbar zu Reitabzeichen gibt es Fahrabzeichen, Klasse 5 ist die unterste, die sollte man haben, um als Laie eine Kutsche lenken zu können." Das Fahren wird seit Jahrzehnten nach dem „Achenbach'schen Fahrsystem" gelehrt. Benno von Achenbach (1861–1936) wurde 1906 Chef des Fuhrparks des Königlichen Marstalls in Berlin. Seine 1922 entwickelte Fahrlehre gilt noch heute als Europas meistgelehrte und -praktizierte Methode. So erhält man zum Beispiel bei einem „Nichtfahren nach Achenbach" auf Fahrturnieren einen Punktabzug. „Zu den Achenbach'schen Regeln gehört unter anderem, dass man beide Leinen, die die Verbindung zum Pferd herstellen, in einer Hand führt. Das nennt man die konstante Hand. Die andere ist die agierende, mit der man grüßt oder die Peitsche führt."

„FAHRPFERDE WERDEN WIE EIN DRESSURPFERD AUSGEBILDET UND GENAUSO NACH DER SKALA DER AUSBILDUNG, DIE TAKT, LOSGELASSENHEIT, ANLEHNUNG, SCHWUNG, GERADERICHTUNG UND VERSAMMLUNG BEINHALTET, EINGEFAHREN. WENN DAS PFERD MENTAL UND KÖRPERLICH ENTSPRECHEND ENTWICKELT IST, BEGINNEN WIR DAMIT SCHON BEI DREIJÄHRIGEN."

Wenn man Turniere fährt wie Marie, braucht man auf alle Fälle zwei unterschiedliche Kutschen, eine elegante für Dressur und Hindernisparcours, eine robustere für die „Marathon" genannte Geländestrecke. „Die Preise dafür variieren von Polo bis Porsche", lacht sie – ein Sattel ist im Vergleich dazu ein Schnäppchen. Zwischendurch und gerade in den Wintermonaten – die Fahrturnier-Saison geht von April bis September – reitet sie ihre Pferde

▲▲ Die Sattelkammer mit den Kutschgeschirren.

▲ Früh übt sich: Bereits mit 21 ist Marie mehrfache Meisterin.

▶ Eleganz auf vier Beinen und zwei Rädern.

‚Fortino‘ und ‚Dream Girl‘ auch dressurmäßig, „aber nur als Hobby. Mein Fokus liegt auf Kutschefahren. Irgendwann muss man sich mal entscheiden“. In allen Disziplinen sitzt ein Beifahrer hinter ihr. „Das ist zum einen ein Sicherheitsfaktor, falls mal etwas passieren sollte. Zum zweiten kann er gerade beim Hindernisfahren – je nach Schwierigkeitsgrad sind bis zu 20 Kegelpaare aufgestellt, die möglichst schnell zu passieren sind – durch Gewichtsverlagerung helfen, die Balance zu halten: Die Kutsche darf auf keinen Fall ins Kippen geraten.“ Das Tempo zwischen den Hindernissen beträgt bis zu 15, im Gelände bis zu 20 Stundenkilometer. In der Dressur und im Parcours trägt Marie einen Anzug, Stiefeletten und einen eleganten Hut, im Gelände sind Schutzweste und Helm Vorschrift. Bei der Dressur geht es wie beim Reiten um bestimmte Hufschlagfiguren, die im Schritt, Trab und Galopp zu absolvieren sind. Eine Prüfung mit vorgegebener Aufgabe kann bis zu zehn Minuten dauern, das Hindernisfahren höchstens drei, im Gelände ist man gut eine Stunde unterwegs.

„EIN FAHRPFERD MUSS GENAUSO GEARBEITET WERDEN WIE EIN REITPFERD. TEMPOUNTERSCHIEDE, HANDWECHSEL, VORWÄRTS-ABWÄRTS-DEHNUNG – ALLES, WAS DIE DURCHLÄSSIGKEIT VERBESSERT, SOLLTE GEFÖRDERT WERDEN.“

Die Studentin der Agrarwissenschaften ist der Meinung, dass ein Pferd seinem Reiter enorm viel beibringen kann. „Durchsetzungsvermögen, Pünktlichkeit, Konsequenz, Nächstenliebe – davon profitiere ich sehr viel. Ein Pferd merkt ganz genau, ob es als Sportgerät dient. Oder ob es als Partner respektiert und liebgehabt wird.“ All das bezeichnet sie als ihr persönliches Pferdeglück.

Maries
TIPPS

Nach oben keine Altersgrenze

„Fahren ist durchaus auch etwas für ältere Menschen, die Pferde lieben, aber wegen gesundheitlicher Probleme nicht mehr reiten können. So ein gemütlicher Ausflug durch den Wald kann dem Pferdesport ganz neue Glücksgefühle abgewinnen.“

Grundausbildung

„MANCHE DENKEN: MEIN PFERD IST SO BRAV, DA KAUFE ICH MIR JETZT MAL EINE KUTSCHE UND FAHRE LOS. DAVOR KANN ICH NUR WARNEN. UNBEDINGT SOLLTE MAN SICH EINEN PROFESSIONELLEN FAHRAUSBILDER SUCHEN – KANN MAN IM INTERNET FINDEN – UND ERST EINMAL DAS NIEDRIGSTE FAHRABZEICHEN 5 MACHEN.“

DEN RICHTIGEN STALL FINDEN

„Auf jeden Fall sollte man sich vorher erkundigen, welche Unterbringungsmöglichkeiten es für Kutschen gibt. Regelmäßige Pflege der kostspieligen Fuhrwerke ist wichtig. Auch in den Wintermonaten, in denen man vielleicht eher reitet als fährt.“

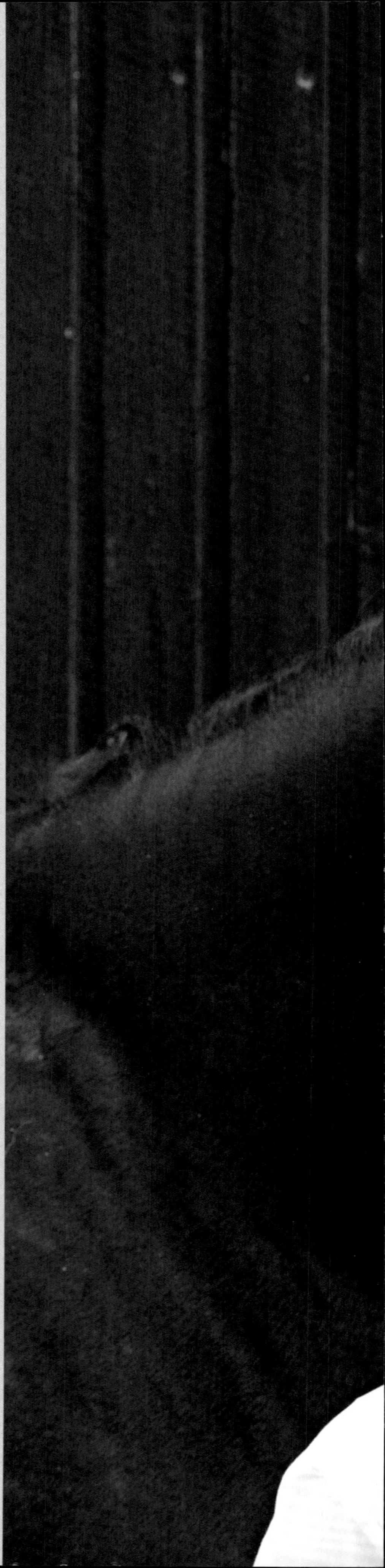

Super

uvex
rotecting people

Passion wird PROFESSION

ULRIKE HÜBNER *Ihr größter Wunsch war, mit ihrem ersten Pferd wenigstens mal eine gute Platzierung in einer A-Dressur zu erringen. „Probier mal einen anderen Sattel aus, dieser lässt deiner Stute nicht genug Schulterfreiheit", riet ein Freund. Mit Erfolg: Sie errang einen Sieg mit 7,0 Punkten. Und die Idee, später mal ein Reitsportgeschäft zu eröffnen und sich auf die richtige Anpassung von Sätteln zu spezialisieren, bildete erste Keime.*

Die gebürtige Berlinerin Ulrike oder besser: Uli, wie sie von all ihren Freunden genannt wird, machte schon im zarten Alter von dreieinhalb ihre erste Bekanntschaft mit Pferden. Bei einem Spaziergang mit den Eltern und ihrem neun Jahre älteren Bruder Daniel entdeckte sie eine Koppel, büxte aus – und war von neugierigen Pferden umringt. Kein Familienmitglied, alles Nichtreiter, traute sich zu, Ulrike heil wieder rauszuholen. Aber sie schaffte ihren Weg allein. Das erste, aber nicht das letzte Mal in ihrem Leben. Nach dem Umzug nach München bekam sie zum zehnten Geburtstag eine Zehnerkarte für Reitstunden. Als sie 16 war, fasste sie mit einer Freundin den Entschluss, gemeinsam ein Pferd zu kaufen. „Meine Eltern hatten sich gerade getrennt", erzählt die 53-Jährige. „Sie wollten was Gutes für das Kind tun und schenkten mir meinen Anteil von 4000 DM für eine englische Vollblutstute von der Rennbahn, die für den Galoppsport nicht gut genug war." Die Freundin ritt Vielseitigkeitsprüfungen, Uli wollte sich auf Dressur spezialisieren. Erst als „Tiny Lady" 14 war, gelang ihr mithilfe des Tipps, einfach mal den Sattel zu wechseln, ihre erste Platzierung – gleich ein Sieg, der sie weiterhin motivierte.

„Ich bin der Dressur treu geblieben und machte eine Ausbildung zum Reitwart. So durfte ich ein bis zur Klasse S ausgebildetes Pferd reiten und damit zahlreiche wichtige Platzierungen gewinnen. Dadurch, dass ich auch andere Pferde ausbildete, habe ich mir einen Teil meines BWL-Studiums finanziert."

2006 eröffnete Uli Hübner ihr eigenes Reitsportgeschäft und nannte es „Passion", weil das ihrer Leidenschaft entsprach und außerdem international aussprechbar war. Aus eigener Erfahrung beschloss sie von Anfang an, nicht nur „das Übliche" wie Reithosen, Westen, Kappen und die nötigen Accessoires wie Handschuhe, Sporen und Gerten zu führen, sondern gesteigerten Weg auf die richtige Ausrüstung des Pferdes zu legen. „Ich bin keine Sattlerin – dafür muss man eine handwerkliche Ausbildung in einem lederverarbeitenden Betrieb vorweisen –, aber ich würde mich als Sattelexpertin bezeichnen. Es gibt ja heute eine enorme Vielzahl an Pferderassen, und jede ist anatomisch anders gebaut. Die Frage ist: Mit welchem Sattel lässt sich das Pferd so bewegen, wie der Reiter das möchte? Um den optimalen Sattel auswählen zu können, reise ich meistens mit drei Sätteln an. Zuerst gibt es ein Probereiten unter meiner Aufsicht, und zwar am hingegebenen Zügel, damit ich sehen kann, wie sich das Pferd von allein bewegt."

Uli Hübner bietet in ihrem Geschäft Sättel von unterschiedlichen Herstellern an, darunter Amerigo, Equiline, Stübben und Peter Menet. Die Preise beginnen bei ca. 1000 Euro und steigern sich, je nach Leder, Verarbeitung

◤ Ulrike Hübner in ihrem Reitsportfachgeschäft im Münchner Osten.
◥ Auch was für Nichtreiter: Stiefeletten mit wasserfester Sohle.
◢ Hobby und Beruf vereinen zu können – das macht Uli Hübner glücklich.
◢ Springsattel mit kürzerem Sattelblatt.

und Extras, bis ins Fünffache. „Jedes Pferd ist anders. Manche sehen eher quadratisch aus, andere haben einen langen Rücken, einen hohen oder breiten Widerrist. Wichtig ist, dass sich das Pferd unter dem Sattel wohlfühlt. Und der Reiter auf dem Pferd." Dabei muss auch klar unterschieden werden, für welche Disziplin der Sattel gekauft wird: Für Dressur braucht man Sättel mit einer längeren Seitenansicht, damit der Reiter entsprechend das Bein lang machen kann. Beim Springen sollte das Sattelblatt kürzer sein, weil man ja auch mit kürzeren Bügeln reitet. Und die Erhöhung hinter dem Po des Reiters sollte flacher ausfallen, damit man sich bei hohen Sprüngen nicht verletzt. ‚Lucky Star' und ‚Lalique', Sohn und Tochter von Ulrike Hübners Stute ‚Lefkada', können davon ausgehen, perfekt ausgerüstet zu sein.

Passform

„Der Sattel muss so aufliegen, dass Schulter- und Lendenwirbelsäule kein Gewicht tragen. Die Maximallänge sollte nicht über den 18. Brustwirbel des Pferdes hinausgehen. Oft unterschätzt: der Sattelgurt. Auch der muss bequem sein und an der optimalen Stelle liegen."

Begleitung

„Wichtig ist, dass man den Sattel von Zeit zu Zeit, etwa alle halbe Jahre, überprüfen lässt. Denn durch das Training verändert sich das Exterieur des Pferdes. Und es kann sein, dass der Sattel neu angepasst werden sollte."

KEINER FÜR ALLE

„WER MEINT, EIN SATTEL SEI EINE ANSCHAFFUNG FÜRS LEBEN, LIEGT ODER BESSER GESAGT SITZT FALSCH. JEDES PFERD IST ANDERS GEBAUT, MIT VIEL GLÜCK KANN EIN SATTEL AUCH FÜR ZWEI PASSEN, ABER GENERELL SOLLTE MAN DAMIT RECHNEN, DASS JEDES PFERD SEINEN EIGENEN, INDIVIDUELL ANGEPASSTEN HABEN SOLLTE."

◤ Uli Hübner mit ihren Pferden ‚Lalique' (links) und ‚Lucky Star'.
◥ Auch am Kopf darf nichts zwicken.
◢ Hier riecht's nach Stute: ‚Lucky Star' gestattet sich ein Flehmen.
◣ Wichtig: Die Strippen für den Sattelgurt müssen an der richtigen Stelle sitzen.

Western-Boots &

HIGH HEELS

JULIA DEPPE

Im brandenburgischen Pausin, rund 45 Kilometer westlich von Berlin-Mitte entfernt, hat sich die in München aufgewachsene Amerikanerin zusammen mit ihrem Mann und den drei Kindern den Traum von einer eigenen Western-Ranch erfüllt.

RANCH

Die in Atlanta geborene Julia Deppe wollte schon als Kind nur reiten. „Zuerst ganz klassisch in der Uni-Reitschule am Englischen Garten. Ich glaube, da hat jeder Münchner Reiter mal angefangen“, lacht die 42-Jährige. Zusätzlich bekniete sie ihre Mutter, mit ihr in den Sommerferien nach Gut Ising am Chiemsee zu fahren: „Da konnte ich sechs Wochen lang jeden Tag so viel reiten, wie ich wollte.“

▲ Auf der Nanook Ranch von Familie Deppe haben die Pferde viel Auslauf.
◢ Hausherrin Julia legt eine kurze Pause im Wohnzimmer der Ranch ein.
◣ Reitbeteiligung Vivian mit ‚Big Boy‘ auf dem Weg zum Reitplatz.

Der Traum vom eigenen Hof entstand schon damals – doch das Schicksal hatte zunächst andere Dinge geplant. Im Jahr 2000 heiratete sie und bekam drei Kinder: Annemarie (18), Justus (15) und Klara (12). „Nach einem Reiterurlaub in Arizona fand auch mein Mann Andreas Gefallen an meinem Hobby. Aber es mussten Westernpferde sein, weil die besonders ausgeglichen und bequem zu sitzen sind. So kamen wir beide auf den Geschmack.“

Vor vier Jahren entdeckte und kaufte das Ehepaar den Hof, auf dem ursprünglich mal Islandpferde standen. 18 Hektar mit einem Betrieb für Heu- und Weidewirtschaft, Platz für 30 Pferde, davon sieben eigene – die restlichen gehören Einstellern, die dafür eine Monatsmiete bezahlen. Nanook Ranch heißt ihr persönliches Eldorado, benannt nach einem Speedboot, mit dem Julia, Andreas und ihr Team viele Jahre an Offshore-Rennen am Stettiner Haff teilnahmen. „Nanook ist die Bezeichnung der kanadischen Inuit-Bevölkerung für Eisbär“, erklärt sie. „Da wir gegen die Kälte Jacken mit dem aufgedruckten Emblem trugen, übernahmen wir das auch für den Hof.“

Mittelpunkt des Hauses ist ein großes Wohnzimmer mit Bibliothek und integrierter Küche. Die Flügeltür führt zum Garten, und es kann schon mal passieren, dass eins der Ponys hereinspaziert, um Julia beim Kochen zuzuschauen. Ergänzt wird das Nanook-Team durch Steffi und Marco, die zusammen mit Julia das Anwesen bewirtschaften. „Einer von beiden ist immer da. Marco hat am Wochenende frei, Steffi dafür Dienstag und Mittwoch.“

„HEUTE IST MIR DIE ARTGERECHTE HALTUNG DER PFERDE FAST WICHTIGER ALS DIE REITEREI.“

Julia und Andreas Deppe haben sich für einen Offenstall entschieden. „Ein Pferd ist ein Lauftier, und wir möchten ihm so viel Bewegung und Freiheit wie möglich gönnen.“ Die Pferde werden je nach Geschlecht – Stuten oder Wallache – in Gruppen zu acht aufgeteilt. Neue Pferde kommen die ersten vier Wochen in eine sogenannte Quarantäne – „das haben wir eingeführt, als hier in der Gegend mal ein Herpes-Virus aufgetreten war“ –, allerdings in einer großzügigen Box mit Zugang zu einem Paddock. So lernen sie die Umgebung kennen und können sich entspannt an die neuen Pferdefreunde gewöhnen. „Mein größtes Glück ist es, morgens aus dem Schlafzimmerfenster zu schauen und zu sehen, dass sich die Pferde draußen wohlfühlen. Das ist Teil meines Lebens geworden. Ich muss meine Pferde nicht besuchen, sie gehören zur Familie.“

▲ Da sich die Pferde frei bewegen können, gehört Beschnuppern zum guten Ton.
▼ Julia Deppe verlangt von ‚Tacana', dass sie auch ohne Zaumzeug folgsam ist.
▼▼ Hier fühlt sich jemand zum Wälzen wohl.
▶ Nach getaner Arbeit zurück in den Stall, wo garantiert eine Belohnung wartet.

„ICH MÖCHTE NIE WIEDER ETWAS ANDERES ALS EIN WESTERNPFERD REITEN. ES GIBT EINEM SO VIEL SICHERHEIT UND VERMITTELT DAS GEFÜHL VON FREIHEIT. COWBOY-FEELING PUR."

Ein Westernpferd – bei Deppes stehen fast ausschließlich Quarter Horses – misst maximal 1,60 Meter und ist vom Körperbau eher gedrungen, damit es sich in den für diesen Sport typischen Wendungen besser um sich selbst drehen kann. „Bei der klassischen Dressur muss ich ein Pferd permanent an den Hilfen haben", beschreibt Julia den Unterschied. „Ein gut ausgebildetes Westernpferd bekommt einmal einen Impuls – und trabt dann zum Beispiel so lange im Kreis, bis vom Reiterkörper ein neues Kommando gegeben wird." Ihre Lieblingsstute heißt ‚Tacana', benannt nach einem mexikanischen Vulkan. Sie zählt acht Jahre und erscheint mit nur 1,48 Meter Größe recht zierlich. Zu den spektakulärsten Lektionen gehören die „Sliding Stops", bei denen das Pferd aus vollem Galopp so scharf bremst, dass der Staub aufwirbelt – ein beeindruckendes Bild, das in Publikationen über Westernreiterei immer gern gezeigt wird. „Für diese Manöver braucht man allerdings für die Hinterbeine einen speziellen Beschlag und auch einen spezi-

SAVE
WATER

NOTICE

◂◂ In der ehemaligen Scheune wird jetzt Billard gespielt.
◂ Julias Lieblingsplatz im Garten.
▾ An der Bar in der Scheune wird gern und oft gefeiert.
◣ Eins von 30 Paar Cowboystiefeln.
▸ Herzensbrecher: der Palomino ‚Casanova', genannt ‚Casi'.

ellen Boden, deshalb machen wir das hier nur in gemilderter Form“, so Julia. Überhaupt hat sie sich gegen das Turnierreiten entschieden: „Ich kann nicht verlieren.“ Großen Wert legt sie auf die richtige Ausrüstung: „Ein Westernsattel ist groß und schwer. Er muss genau passen, das heißt, er darf auf keinen Fall die Schulter des Pferdes blockieren. ‚Tacanas‘ Sattel ist eine Maßanfertigung und hat fast 5000 Euro gekostet.“ Geritten wird mit Jeans, nach Bedarf auch mit drübergeschnallten Chaps aus Leder. Dazu Western-Boots und spezielle Sporen, die das Pferd nicht piken, sondern am Körper abrollen. Und auf dem Kopf ein Cowboyhut – möglichst original. „Ich bin Schuh-Fetischistin“, gesteht Julia Deppe. „Ich habe etwa 30 Paar Stiefel, die den typischen abgeschrägten, breiten Absatz haben. Einzige Alternative sind High Heels, die ich mir dann auf meinen Ausflügen an den Berliner Ku’damm oder ins KaDeWe gönne. In diesem Kaufhaus haben meine Kinder quasi laufen gelernt.“

◂ Vom Galopp in den Stopp.
▴ ‚Tacana‘ denkt: „Ihr könnt mich mal.“
◢ Typischer Western-Style: Stiefel mit abgeschrägtem Absatz und aufwendige Sporen.
◣ Im passenden Look: Westernsattel und Zaumzeug.

Julias TIPPS

Zweiter Frühling

„Da Westernpferde so gelassen und bequem sind, kann ich sie älteren Freizeitreitern nur empfehlen. Allerdings sollte man sich nicht ungeübt ein solches Pferd anschaffen, sondern sich zumindest für die erste Zeit einen Trainer suchen, der ein entsprechendes Basiswissen vermittelt."

Preisfrage

„Ein Westernpferd mit einem guten Stammbaum kann man schon für 12 000 Euro finden. Mit einer entsprechenden Ausbildung gehen die Preise bis auf 30 000 Euro hoch. Mein Mann hat sich gerade eine zweijährige Stute für 8000 Euro gekauft, muss aber noch Geld in das Training investieren. Von sechsstelligen Beträgen wie bei talentierten Dressur- oder Springpferden ist hier im Normalfall nicht die Rede."

UNBEDINGT ZUR „AMERICANA"

„Alle zwei Jahre findet Anfang September in Augsburg Europas größte Messe für Westernsport statt. Rund um die Uhr laufen Prüfungen in diversen Disziplinen – selbst die Topstars aus den USA sind hier vertreten. Und es ist ein Shopping-Paradies für Sättel, Western-Outfits, Accessoires, Futtermittel, Stallzubehör – ich liebe es. Und am Abend tanzen im Saloon Dänen mit Spaniern oder Italiener mit Deutschen, und alle haben Spaß."

HORSES
&DREA

Sprung in den großen **SPORT**

LAURA KLAPHAKE

Obwohl sie erst 25 Jahre jung ist, fühlt sich die Springreiterin aus Mühlen auf dem Siegerpodest heimisch. Und hat trotzdem keinen Höhenflug. An erster Stelle stehen ihre Eltern, ihre beiden Brüder Felix und Enno sowie ihr ebenfalls reitender Freund Patrick Döller, ihre Pferde – und irgendwann mal eine möglichst erfolgreiche Teilnahme an den Olympischen Spielen. Ein Traum, der von Turnier zu Turnier in immer greifbarere Nähe rückt.

HORSES &DREAMS
RIDERS TOUR
KASSELMANN
Pott's
P.S.I. Sporthorses

Laura und ihr sechs Jahre jüngerer Bruder Enno vertreten die pferdebegeisterte Familie bereits in dritter Generation. „Die Eltern meiner Mutter, Inge und Heinz Delicat, sind mittlerweile über 80 Jahre alt, reiten aber noch jeden Tag", erzählt sie stolz. „Es gibt sogar ein Pferd, das ‚Rock for Opi' heißt." Ihr erstes Pony war ein Shetty namens ‚Uno', mit dem ihre Mutter bereits eine Europameisterschaft gewonnen hatte.

„Ponys können sehr alt werden. 35 ist da überhaupt nichts Ungewöhnliches." Mit ‚Uno' bestritt Laura ihre ersten Führzügelklassen, bei denen die Kinder von Erwachsenen, meist einem Elternteil, in unterschiedlichen Gangarten am Zügel geführt werden. Dabei kommt es nicht nur auf das Können an, sondern auch darauf, wie hübsch das Pony zurechtgemacht ist. Und wie stilvoll und möglichst passend das Reiter-Führer-Paar angezogen ist. Darauf folgten erste Mini-Spring-Prüfungen. „Höher als 80 Zentimeter schaffte ‚Uno' aber nicht", erinnert sich Laura. „Und somit bekam ich mein zweites Pony ‚Luki', mit dem ich Hindernisse bis zu 1,50 Meter überwinden konnte. Wir beide haben viel gewonnen."

„DER ÜBERGANG VOM PONY ZUM GROSSPFERD WURDE MIR LEICHT GEMACHT. MEIN VATER ARBEITET SEIT 30 JAHREN ALS KUNDENBETREUER AUF DEM HOF VON PAUL SCHOCKEMÖHLE, DER ENNO UND MIR IMMER WIEDER GUTE PFERDE ZUR VERFÜGUNG STELLT."

Die Klaphakes sind nicht nur eine Familie, sondern bilden auch eine Trainingseinheit. Mutter Gaby und Vater Josef coachen Laura und Enno, lediglich der 23-jährige Felix tanzt aus der Reihe und studiert in Amsterdam. „Mein Bruder und ich betrachten uns nicht als Konkurrenz. Im Gegenteil, wir helfen uns gegenseitig", erzählt Laura, blond, langhaarig, gertenschlank und somit perfektes Model für einen ihrer Sponsoren, den Reitsportmode-Hersteller Laguso. Die Geschwister reiten Pferde aus dem Stall Schockemöhle. Vorteil: Sie sind immer bestens mit tollen Pferden versorgt. Nachteil: Bei einem entsprechenden Angebot werden die Tiere verkauft. „Als ich mich von meiner Erfolgsstute ‚Catch Me If You Can' trennen musste, die ich viereinhalb Jahre hatte und mit der ich 2018 die Bronzemedaille bei der Weltmeisterschaft gewinnen konnte, war ich am Boden zerstört. Sie ist für viel Geld nach Tschechien verkauft worden, und es fiel mir wahnsinnig schwer, ihr Tschüss zu sagen. Da sind viele Tränen geflossen." Aber: The show must go on. Bis zu acht Pferde hat Laura täglich unterm Sattel, wenn es wegen ihres Fernstudiums – momentan macht sie ihren Master für Immobilienmanagement – mal eng wird, „hilft Mama aus". Und höchst diszipliniert steht Laura jeden Morgen um spätestens 7 Uhr auf.

◤ Laura Klaphake auf dem Horses-&-Dreams-Turnier in Hagen am Teutoburger Wald mit ‚Carmina', daneben – im auffällig gelben Jackett – ein Reiterkollege aus Brasilien.
◥ ‚Little Laura' wusste schon genau, wo's langgeht. Und Pony ‚Uno' folgt.
◢ Gut gemacht: Laura mit ‚Carmina'.
◣ Garant für tollen Sport: der Springplatz in Hagen.

▲ Lauras Pflegerin Pauline sorgt dafür, dass ‚Carmina' perfekt gestylt ist.
▼ Bei Springpferden wird die Mähne zu möglichst vielen kleinen Knötchen eingeflochten.
▸ Beauty-Lab: Was ein Pferd so alles braucht …

„ICH MACHE KEINEN UNTERSCHIED ZWISCHEN WALLACH UND STUTE. AUCH DIE FARBE IST MIR EGAL. ABER: WENN MAN MAL EINE STUTE AUF SEINER SEITE HAT, DANN GIBT SIE 100 PROZENT."

Manchmal wünscht sich Laura Klaphake, ein bisschen mehr Zeit für andere Dinge zu haben. Früher hat sie beispielsweise Handball gespielt: „Ich liebe Mannschaftssport." Heute langt es höchstens zum Zusatztraining im Fitnessstudio oder zum Joggen. Die „Niedersächsische Sportlerin des Jahres" betrachtet Reiten als ihr schönstes Hobby, wobei eine olympische Medaille die Krönung wäre. Ihr bisher größtes Glück: „Mit den Pferden zusammenarbeiten. Das ist ein Geben und Nehmen. Und ein tägliches An-sich-Rantasten und Immer-wieder-Neu-Erspüren, denn ein Pferd ist nun mal keine Maschine."

TONiCS
FABULOUS SHOES
Laura Klaphake
086
182
028
015
172
RIDERS ACADEMY
GLÜCKSBRINGER

Lauras
TIPPS

Grenzen akzeptieren

„Wer als Ponykind beginnt, sollte gerade beim Springen im wahrsten Sinne des Wortes die Latte nicht zu hoch legen. Wenn wie bei meinem ‚Uno' das Limit von 80 Zentimetern erreicht ist, darf man nicht mehr erzwingen wollen. Das wäre Tierquälerei."

Basisarbeit

„Auch ein Springpferd sollte dressurmäßig gearbeitet werden. Biegungen, fliegende Galoppwechsel und Tempounterschiede sind auch im Parcours wichtig. Außerdem empfehle ich, dem Pferd genügend Abwechslung zu bieten. Also nicht jeden Tag springen, sondern sich und dem Pferd mal eine Pause im Gelände gönnen. Gerade höhere Sprünge belasten die Gelenke extrem, da sind Pausen einfach ein Must."

KLEIN ANFANGEN

„Springanfänger sollten sich immer ein erfahrenes Pferd aussuchen, das wie ein Lehrmeister fungiert. Weniger bringt mehr: Zu Beginn bekommt man Sicherheit, wenn man über am Boden liegende Stangen trabt oder galoppiert. Damit kann einem der Trainer sogar einen kleinen Parcours zusammenstellen. Beim nächsten Mal dürfen es dann schon Cavaletti oder gekreuzte Stangen sein. Und nach und nach darf gesteigert werden. Aber nie ohne Reithelm!"

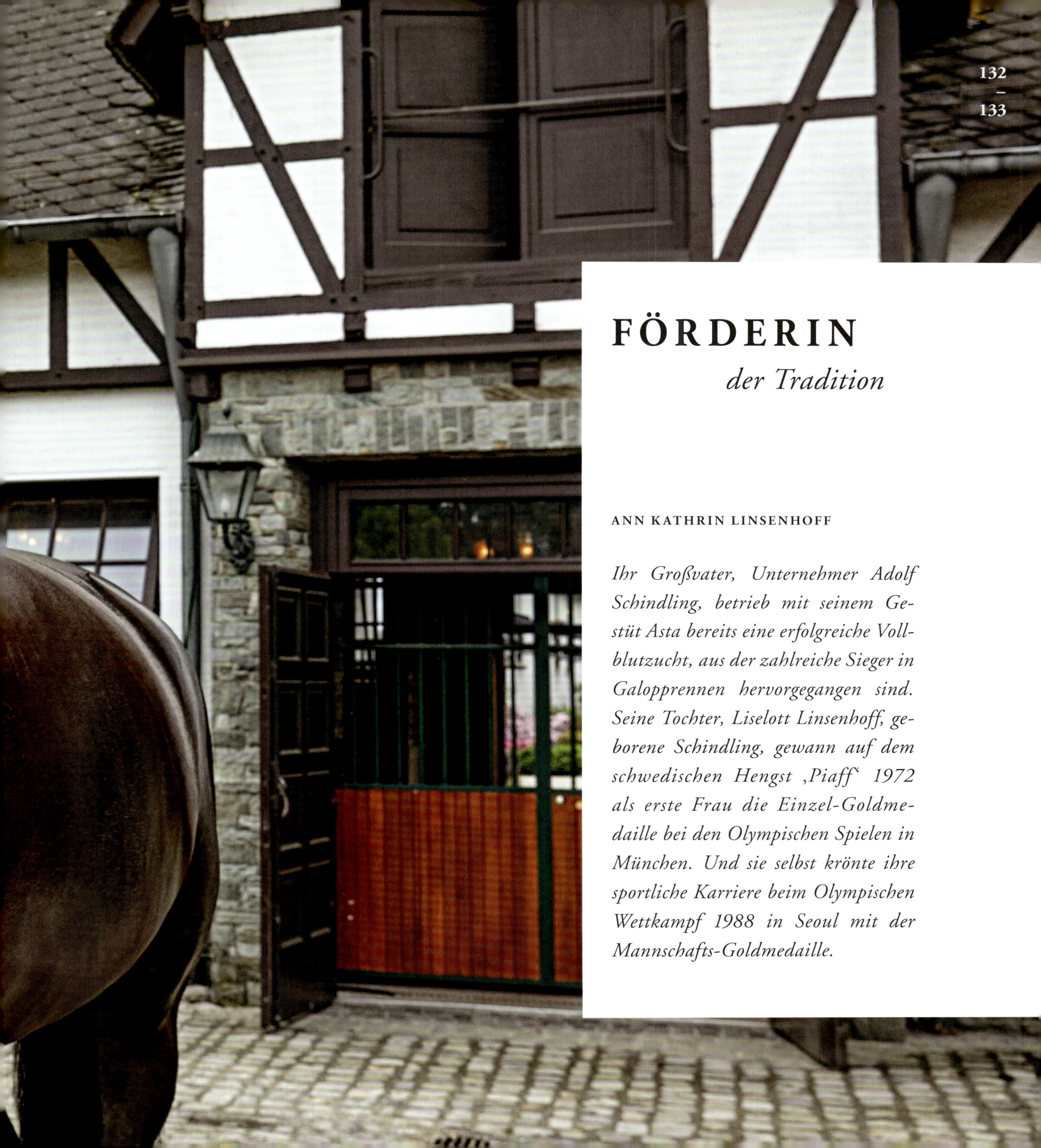

FÖRDERIN
der Tradition

ANN KATHRIN LINSENHOFF

Ihr Großvater, Unternehmer Adolf Schindling, betrieb mit seinem Gestüt Asta bereits eine erfolgreiche Vollblutzucht, aus der zahlreiche Sieger in Galopprennen hervorgegangen sind. Seine Tochter, Liselott Linsenhoff, geborene Schindling, gewann auf dem schwedischen Hengst ‚Piaff' 1972 als erste Frau die Einzel-Goldmedaille bei den Olympischen Spielen in München. Und sie selbst krönte ihre sportliche Karriere beim Olympischen Wettkampf 1988 in Seoul mit der Mannschafts-Goldmedaille.

„Ein Pferd ist wie ein Spiegel", sagt Ann Kathrin Linsenhoff. „In jedem Moment, in dem man es reitet, muss man auf das Lebewesen eingehen. Nur dann gibt es einem zurück, was man sich wünscht. Viele Menschen reiten nur als Hobby und kommen erst abends nach der Arbeit zu ihrem Pferd. Dann ist man vielleicht noch nicht so locker – und wundert sich, dass das Pferd ebenfalls angespannt ist. Umso schöner, wenn man dann doch noch das Ziel gemeinsamer Losgelassenheit erreicht."

◤ Selbst das Treppengeländer zeigt: Hier sind Reiter zu Hause.
◥ Auch ein Karussellpferd darf nicht fehlen.
◣ Ann Kathrin Linsenhoff liebt Mode – und fröhliche Farben.
◢ Stilvolles Ambiente liegt der Hausherrin am Herzen.

Ann Kathrin Linsenhoff ist eine 100-prozentige Pferdefrau. Gemeinsam mit ihrem Ehemann Klaus-Martin Rath hat die studierte Tierärztin auf dem Familiensitz Gestüt Schafhof in Kronberg ein Paradies für Mensch und Pferd geschaffen. Bereits als Dreijährige bekam sie ihr erstes eigenes Pony ‚Tinkerbell'. „Das war für mich etwas ganz Wunderbares, meinen kleinen Fuchs direkt am Haus zu haben. Er musste alle meine Gedanken und Träume teilen. Am liebsten spielte ich mit ihm Indianer – Cowboy wollte ich nie sein. Mein Schönstes war, als mir der Erfolgsjockey meines Großvaters, Hein Bollow, einen Miniatur-Rennreiterdress in Schwarz-Gelb, den Farben des Gestüts Asta (Adolf Schindling Tachometer) schenkte – den habe ich noch heute. Und die Kombination Schwarz-Gelb habe ich mir auf alle Fälle schützen lassen – ich kann mir momentan zwar keine Vollblutzucht vorstellen, aber man weiß ja nie", lacht sie.

„Durch meine Spielzeit mit dem Pony bin ich ganz entspannt mit Pferden aufgewachsen. Lediglich vorm Springen hatte ich regelrecht Schiss. Später bekam ich dann Reitstunden auf Schulpferden, was ich nach wie vor für keinen schlechten Einstieg halte. Danach durfte ich unter der Aufsicht des späteren Bundestrainers Siegfried Peilicke, genannt Bimbo, auch mal eins der Pferde meiner Mutter reiten."

Ebenso spielerisch wurde Ann Kathrin auf ihre spätere Turnierkarriere vorbereitet. „Nach jeder Reitstunde gab es eine Platzierung", erinnert sie sich. „Es wurden sogar Schleifen verteilt, wie bei einem richtigen Turnier." Ihr erster offizieller Auftritt fand beim CHIO in Aachen statt: „Da gab es eine Prüfung für Jugendliche, in der unter anderem der Enkel von Josef Neckermann am Start war, Monica Theodorescu, Christiane Schaurte – Tochter von Anneliese Küppers, die mit meiner Mutter und Hannelore Weygand 1956 bei den Olympischen Spielen in Stockholm Mannschafts-Silber gewonnen hatte. Ich durfte eins der Pferde meines Vaters reiten, einen Hengst namens ‚Panache' – alle waren ganz perplex, wie brav er sich unter mir benahm. Und ich habe tatsächlich gewonnen!" Rückblickend gibt es für die 59-Jährige einen ganz besonderen Erfolg: „1987 war ich mit meinem ‚Courage', einem in Schweden gezogenen Wallach, in Bremen Zweite im Grand Prix, anschließend habe ich zusammen mit Nicole Uphoff und ihrem Pferd ‚Rembrandt' zusammen den Spezial gewonnen – schwupp, war ich plötzlich in der Mannschaft und konnte bei der Europameisterschaft im englischen Goodwood starten. Das war für mich etwas sehr Emotionales. Dass ich dann mit der Mannschaft die Goldmedaille und in der Einzelwertung Silber gewinnen konnte, würde ich als Krönung bezeichnen."

▲▲ Hier scheint immer die Sonne: Sättel, Trensen und Kandaren in der gelb gekachelten Sattelkammer.
▲ Reithalle der Extraklasse.
◥ Ein Stalltrakt voller Erfolge und Erinnerungen – selbst an das Gestüt Asta des Großvaters von Ann Kathrin Linsenhoff.
◢ Auf dem Schafhof wohnen auch die Pferde mit Stil.

„SELBST WENN MAN DIE FINANZIELLEN MÖGLICHKEITEN HAT, SICH MEHRERE GUTE PFERDE LEISTEN ZU KÖNNEN – EIN GARANT FÜR DEN GANZ GROSSEN WURF IST DAS NICHT."

„Ich zum Beispiel bin zwölf Jahre nur auf kleinen Turnieren gestartet, weil eins meiner Toppferde an Kolik einging, ein anderes sich verletzt hatte und längere Zeit ausfiel. Erst 2002 konnte ich so eine Art Comeback starten." 2002 kaufte sie den damals neunjährigen ‚Renoir', der ihr zusammen mit dem Olympiareiter und Trainer Klaus Balkenhol bei einem Turnier aufgefallen war. Die fünfjährige „Wahajama" hatte sie auf dem Bundeschampionat entdeckt: „Sie war ein ganz besonderes Pferd, zu unserer Hochzeit schenkte mir mein Mann eine Skulptur von ihr, die bei uns im Garten steht." Der damals siebenjährige ‚Sterntaler' – mittlerweile 24 und noch immer auf dem Schafhof – präsentierte sich auf einem Lehrgang so beeindruckend, dass sie ihn vom Fleck weg kaufte. „Pferde sind mir irgendwie immer über den Weg gelaufen. Natürlich kann man auf Auktionen ein tolles Angebot finden, aber man muss sich immer darüber im Klaren sein, dass dort viele Reiter mit unterschiedlichen Ausbildungsgraden zum Ausprobieren kommen. Manche Pferde stecken das gut weg, andere weniger."

Nachdem Ann Kathrin Linsenhoff 2007 aufgrund einer Borreliose-Erkrankung ihren Rücktritt vom Turniersport erklärt hatte, ritt sie zunächst gar nicht – und seit ein paar Jahren wieder, „allerdings nur zum ernsthaften Spaß": derzeit zwei siebenjährige Stuten, ‚Dejanel' und ‚True Love', eine Tochter des als Wunderhengst bekannt gewordenen ‚Totilas', den sie zusammen mit Paul Schockemöhle aus Holland für Deutschland gekauft hatte. Nach seiner Decksaison – die aktuelle Decktaxe beträgt 2500 Euro – kehrt der mittlerweile 19-Jährige alljährlich im Herbst auf den Schafhof zurück

Asta

A
F

◤ Die Skulptur von ‚Wahajama' war ein Hochzeitsgeschenk ihres Mannes Klaus-Martin Rath.
◥ Diese Küche ist nicht nur schön – hier wird auch gern und oft gekocht.
◢ Liebe zum Detail: Der Blumenschmuck am Dressurviereck wird mit Reitermotiven aufgewertet.
◣ Eigentlich hat die Familie sechs Hunde. Aufs Foto wollten aber nur drei.

und wird abwechselnd von ihrem 33-jährigen Stiefsohn Matthias Rath und der 17-jährigen Tochter Liselott-Marie geritten.

„ICH HATTE DAS GROSSE GLÜCK, DASS MIR IM LEBEN SO VIELES IN DEN SCHOSS GEFALLEN IST."

„Bereits mein Großvater und meine Mutter engagierten sich für das Wohl anderer Menschen, obwohl darüber offiziell nicht gesprochen wurde. Aber das war ein Vorbild für mich und meinen Mann: Wir möchten etwas Gutes tun – speziell für Kinder." Ann Kathrin Linsenhoff ist der Überzeugung, dass man – gerade wenn man im Besitz eines ererbten Vermögens ist – die Verantwortung hat, Vorbild zu sein und anderen etwas abzugeben. Zusammen mit ihrem Mann Klaus-Martin Rath – „er heißt nicht nur so, er ist auch mein bester Ratgeber", strahlt sie – hat sie sich entschlossen, mithilfe von UNICEF Kinder zu unterstützen: „Kinder sind unsere Zukunft. Wenn ich ein wenig dazu beitragen kann, in der Welt etwas besser zu machen, dann habe ich vielleicht oder hoffentlich meinen Beitrag geleistet." Zusätzlich hat sie 2014 die selbstständige Linsenhoff-Stiftung gegründet, „ganz klein, nur eine Assistentin und ich", in der sie sich für Bildung von Kindern und Jugendlichen engagiert. Auch das Engagement innerhalb der Familie Linsenhoff-Rath ist extrem ausgeprägt: „Wir sind ja so ein Patchworkverein – drei Söhne hatte mein Mann aus erster Ehe mitgebracht. Zusammen mit Marie und meinem Sohn aus meiner ersten Ehe sind das jedoch alles unsere Kinder, die zum Teil noch bei uns wohnen."

Bei uns, das ist eine 26 Hektar große Anlage außerhalb von Kronberg mit wunderschönen Fachwerkgebäuden, gelb gekachelten Stallungen, einer von hohen Fenstern eingerahmten Reithalle, einem in einer parkartigen Gartenanlage gelegenen Dressurviereck und in der Mitte einem herrenhausähnlichen Wohnhaus, das die Familie vor zehn Jahren errichten ließ und deren Herzstück die Küche ist. „Genau wie meine Mutter und mein Vater liebe ich es zu kochen", verrät Ann Kathrin. „Zum Glück gibt es mittlerweile wunderbare Profimaschinen, die nach der nötigen Vorbereitung alles von selbst erledigen. Die ganze Familie – unser Sohn Matthias hat ja auch schon drei Kinder – pflegt die Tischkultur. Wir sind über WhatsApp verlinkt und schicken uns gegenseitig Fotos – ich finde es herrlich, wenn die Tradition von Silberbesteck, edler Tischwäsche, Silberleuchtern, schönen Gläsern und entsprechendem Geschirr noch erhalten wird." Ein besonderes Kompliment gilt in diesem Zusammenhang auch ihrem Mann Klaus-Martin, mit dem sie seit 19 Jahren zusammen ist: „Er kann nicht nur toll reiten und mit Pferden umgehen, er ist zudem ein wahrer Espresso-Meister."

Ann Kathrins
TIPPS

Kopfsache

„Um ein Vorbild für meine Tochter Marie und andere zu sein, reite ich immer mit Helm. Aber ich muss gestehen, dass ich einem normalen Fahrradhelm den Vorzug gebe, weil er leichter ist und nicht so tief am Hinterkopf aufliegt. Durch den somit entstandenen Druck verschlimmerte sich mein Problem mit den Halswirbeln.“

STUTE ODER WALLACH?

„VORWEGGESAGT: EIN WALLACH IST IMMER EINFACHER ZU REITEN, WEIL ER NICHT DIESE LAUNEN WIE EINE STUTE ODER EIN HENGST HAT. AUF EINE STUTE MUSS MAN SICH EINLASSEN. MAN DARF NIE GEGEN SIE, SONDERN IMMER MIT IHR GEMEINSAM ARBEITEN. DANN HAT MAN DIE CHANCE, SIE AUF SEINE SEITE ZU ZIEHEN, UND SIE WIRD IMMER FÜR EINEN KÄMPFEN.“

Pferdekauf

„Ich würde keinem raten, allein loszuziehen, um ein Pferd zu finden. Einen Reitlehrer oder Ausbilder an seiner Seite zu haben, ist schon sehr hilfreich. Ganz wichtig finde ich, dass man sich nicht nur einmal auf das Pferd setzt, sondern es mehrmals ausprobiert. Optimal wäre es, wenn sich der Verkäufer darauf einlässt, dass das Pferd für die Dauer von mindestens einer Woche zu seinem neuen Besitzer ziehen kann. Denn meistens zeigt sich erst nach dem zweiten oder dritten Tag, ob man wirklich zueinander passt. Auf alle Fälle sollte man ein Video machen lassen, denn nur so kann man beurteilen, wie man tatsächlich auf dem Pferd aussieht.“

AUFGABEN ÜBEN

„Ich bin überhaupt kein Prüfungsmensch, für mich war jeder Start eine mentale Herausforderung. Aber es hilft, wenn einem bewusst ist, dass jede Lektion sitzt. Der Idealfall wäre, unter Aufsicht seines Coaches einmal wöchentlich irgendeine Aufgabe durchzureiten – dann weiß man, was vielleicht noch zu verbessern wäre. Denn was zu Hause schon nicht klappt, wird auf dem Turnier wahrscheinlich ebenso wenig funktionieren.“

ERFOLG

im Doppelpack

VICTORIA MICHALKE

Zusammen mit ihrer Mutter Susanne hat die 29-jährige Dressurreiterin das Pferdezentrum Daxau, rund 40 Kilometer östlich von München gelegen, aufgebaut. Hier lebt sie mit ihren Pferden und ihrem Freund Denis Nielsen, einem erfolgreichen Springreiter. Deswegen werden auf dem Hof beide Disziplinen gepflegt.

Die gebürtige Münchnerin zog mit ihrer Mutter nach dem frühen Tod ihres Vaters nach Daxau. Vor rund 25 Jahren hatte Susanne Michalke das Anwesen, eine ehemalige Brauerei, entdeckt und erst einmal kernsanieren lassen. Nach und nach entstand ein Schmuckstück, von der begeisterten Innenarchitektin mit viel Geschmack und Liebe ausgestattet.

◤ Victoria Michalke und ihre Mutter Susanne sind nicht nur Pferde-, sondern auch Hundefreundinnen.
◥ Eingangshalle von Gut Daxau.
◢ „Ist da jemand?", scheint Rhodesian Ridgeback ‚Ali' zu fragen.
◣ Die Gebäude der ehemaligen Brauerei verheißen Gemütlichkeit.

Schon als kleines Mädchen wollte Victoria, kurz: Vicky, Michalke unbedingt reiten. Sie lebte zwar auf dem Land, aber weit und breit gab es keinen Ponyhof. Ihre Mutter kaufte dann zwei Esel, einer davon lebt noch heute auf dem Hof. „Als Reiten konnte man das nicht bezeichnen", erinnert sich die junge Frau mit dem herzlichen Lachen heute. „Die Esel zogen mich eher von A nach B."

Als Kompromiss verbrachten Mutter und Tochter Vickys Schulferien regelmäßig auf Reiterhöfen. „Als ich zwölf war, lernten wir Neumeiers kennen, die nicht allzu weit von uns entfernt Pferde züchteten. Da durfte ich dann jedes Wochenende hin." Der Schwerpunkt lag auf Dressur – somit wurden schon damals die Weichen für ihre spätere Reiterkarriere gestellt. „Von dort bekam ich auch mein erstes Pferd ‚Don Patrese', ein bayerisches Warmblut, mit dem ich von E-Dressur bis später S alles reiten konnte. Er war mein Lehrmeister. Leider war er etwas schreckhaft. Bei meinem ersten Turnier ließ jemand ein Tablett fallen, während ich mich im Dressurviereck bemühte, mein Pferd einigermaßen zu manövrieren. Na ja, ich wurde Letzte." Aber mit Unterstützung ihrer Mutter, die inzwischen den LKW-Führerschein gemacht hatte, um ihre Tochter mit dem eigenen Pferdetransporter zu Turnieren fahren zu können, und dem guten Zureden von Toni Neumeier – „Du schaffst das schon" – ritt sich Vicky durch E-, A- und L-Dressuren auf ländlichen Turnieren quer durch Bayern. Schließlich die große Belohnung: „Mit 16 hatte ich mich für die Teilnahme an den Bayerischen Meisterschaften qualifiziert." Seit 2006 reitet Vicky im Bundeskader, 2013 wurde sie in den Perspektivkader berufen. „Am Anfang habe ich alles nicht so ernst genommen. Doch als ich nach und nach in anspruchsvolleren Prüfungen auf bedeutenderen Turnieren starten konnte, war mein Ehrgeiz geweckt."

„ICH BIN FROH UND GLÜCKLICH, DASS ICH HEUTE IN DER LAGE BIN, EIN JUNGES PFERD SELBST AUSZUBILDEN. TROTZDEM LASSE ICH MICH NACH WIE VOR GERN BERATEN, AM LIEBSTEN VON BUNDESTRAINERIN MONICA THEODORESCU. WIR HABEN EINE SEHR GUTE ZUSAMMENARBEIT."

2009 fassten Susanne und Victoria Michalke den Entschluss, ihren Hof um eine eigene Reitanlage zu erweitern. 200 Meter vom Haupthaus entfernt wurde das Pferdezentrum Daxau errichtet, mit Reithalle, Dressurviereck, Springplatz, Koppeln, Paddocks sowie einem Stall mit Boxen für bis zu 23 Pferde. Das Besondere: Der Stall ist rund. „Teils aus

▲▼ Rund gebaut und somit für die Pferde kommunikativ: der Stalltrakt.
▼▼ Hell, luftig, freundlich: die Reithalle von Gut Daxau.
▶ Endlich ein Schimmel: Vicky und ‚Dallas'.

Platzgründen – ein längliches Gebäude hätte nicht gepasst", erzählt Vicky. „Und teils, weil wir wollten, dass sich die Pferde wie eine große Familie fühlen sollten. Jeder kann jeden sehen. Keiner fühlt sich isoliert. Das ist ganz wichtig für das Wohlbefinden der Pferde." Aber eine eigene Reitanlage bedeutet auch viel Arbeit: Ihr Team besteht aus fünf Mitarbeitern und dem ebenfalls erfolgreichen Dressurreiter Ferdinand Csaki. Morgens um 8 Uhr wird das erste Pferd geputzt, gesattelt und bandagiert. Sieben bis neun Pferde reitet sie selbst, „um die Büroarbeit kümmere ich mich im Alleingang" – nicht umsonst hat sie ein Sportmanagement-Studium absolviert. In Daxau stehen außer den Springpferden ihres Freundes Denis Nielsen weitere Ausbildungspferde, die sie auf Wunsch der Besitzer auch auf Turnieren vorstellt. Und ihre eigenen: die 13-jährige ‚Novia', der mittlerweile 17-jährige ‚Dance On' und das achtjährige Nachwuchspferd ‚Dallas'. „Endlich ein Schimmel", freut sich die Reiterin. „Davon habe ich schon lange geträumt."

„ERFOLGE KÖNNEN IMMER NUR DIE KRÖNUNG SEIN. DOCH GIBT ES IMMER WIEDER MOMENTE, DIE BESONDERS EMOTIONAL SIND UND DIE MAN NIE IM LEBEN VERGISST. DAZU GEHÖRT MEIN SIEG IN DER U25-TOUR 2014 IN AACHEN."

ESPERADO

◀ „Ich bin ein ganz Lustiger“: Springpferd ‚C.H.I.O.‘ gehört Vickys Lebenspartner Denis Nielsen.
➤ Viele Fotos erzählen von zahlreichen Erfolgen.
◢ Vicky mit ‚Dallas‘.

Ihr Pferd ‚Dance On‘ hatte sich im Jahr zuvor beim Abreiten für die Prüfung das Knieband angerissen und konnte nicht starten. „Das war natürlich wahnsinnig traurig. Wann kommt man schon mal so weit? Wir alle waren am Boden zerstört.“ Zum Glück konnte sich das Pferd, das dreijährig direkt von einem Züchter zu Michalkes gekommen war, wieder regenerieren – aber damit, dass das Paar im darauffolgenden Jahr wieder in Aachen starten und die goldene Schleife, sprich: den Sieg erringen konnte, hatte niemand gerechnet. „Ich bin froh und glücklich, dass ich mittlerweile auf so tollen Turnieren wie Aachen reiten kann und dort auch platziert werde. Es ist ein schwieriger Weg nach oben. Und ich klopfe ja noch lange nicht an die Weltspitze an.“

Um ihre Fitness zu optimieren, lässt Vicky jeden Montag um 18 Uhr einen Personal Trainer kommen: Stretching sowie Übungen für Kraft und Koordination stehen auf dem Programm. Je nach Zeit fährt sie zusätzlich in ein 15 Minuten entferntes Fitnessstudio nach Ebersberg. Und sie versucht, sich kleine Freiräume zu schaffen. Mit Denis bewohnt sie seit Kurzem ein etwa ein Kilometer weit entferntes Haus, „um auch mal abschalten zu können“. Weihnachten und Silvester verbringt sie mit ihrer Mutter beim Skilaufen am Arlberg oder bei Denis' Familie in Leverkusen. Und im Sommer gönnt sie sich mit Freundinnen aus ihrer Junioren-Reiterzeit, darunter Fabienne Lütkemeier, ein Wochenende in Südfrankreich oder auf Mallorca: „Okay, die Jungs dürfen mittlerweile auch mit“, lacht sie.

◂ Grasen gehört zu den Lieblingsbeschäftigungen aller Pferde.
▾ ‚Otto', der alte Esel.
▾▾ Viel Platz für Pferde.
◂◂ „Und wann kommt jetzt mein Sattel?"
◂ In der Sattelkammer hängt alles in Reih und Glied.

Victorias
TIPPS

Futter & Belohnung

„Unsere Turnierpferde bekommen täglich zehn Kilogramm Heu und je nach Temperament Hafer sowie Müslivarianten für den jeweiligen Typ: heiß, brav, zu dick oder eher dünn. Als Extra gibt es Zucker, Leckerlis, Äpfel, Möhren und Bananen. Das Obst bekomme ich immer von einer Marktfrau, die froh ist, einen Abnehmer für optisch nicht mehr ganz so schöne Ware zu haben."

Mentale Balance

„BEVOR ICH BEI EINER PRÜFUNG INS DRESSURVIERECK EINREITE, MUSS ALLES IM GLEICHKLANG SEIN. WENN ZU HAUSE ALLES GEKLAPPT HAT, AUCH AUF DEM ARBEITSPLATZ, DANN HAT MAN SCHON MAL GUTE VORAUSSETZUNGEN GESCHAFFEN. NUR SO IST MAN LOSGELASSEN. UND DAS ÜBERTRÄGT SICH AUF DAS PFERD."

PFERDEKAUF

„Für mich ist der Bewegungsablauf von Vorder- und Hinterbein ganz wichtig. Der Schub muss von hinten kommen. Der Charakter muss ausgeglichen sein. Das Gesamtpaket muss stimmen. Und wenn ich auf dem Pferd sitze, sollte das Gefühl gut sein."

TANZ

mit den Hengsten

ANJA PLÖNZKE

Dressurreiterin, Hengsthalterin, Geschäftsfrau – und begeisterte Oktoberfest-Feierin: Die gebürtige Wiesbadenerin, aber im Herzen Münchnerin, trennt Job und Rock 'n' Roll – vereint aber auf dem Rücken ihres Lieblingspferds ‚Fahrenheit' aus vollem Herzen beides.

Endlosbeine in dementsprechend hohen Stiefeln, perfekt sitzendes Oberteil, je nach Wetter auch mit taillierter Weste – nie wird die 1,84 Meter große Anja Plönzke nachlässig gekleidet die Stallungen des Tannenhofs, der ihr und ihrem Vater Klaus gehört, betreten. Und niemals wird eins ihrer Pferde nicht perfekt gestriegelt die Stallgasse verlassen – und sei es nur auf dem Weg zum Muskel entspannenden Solarium. „Chic und schön" liegt ihr im Blut – und dass sie noch dazu erfolgreich ist, gehört fast selbstverständlich dazu.

▸ Gemütliche Pause: Anja Plönzke vor dem Kamin in ihrem Elternhaus.
◂ In der großen Reithalle mit Spiegelfront werden regelmäßig Lehrgänge abgehalten.
▾ Zwei, die sich mögen: Anja und ihr Hannoveraner-Hengst ‚Fahrenheit'.

Ganz und gar Vaters Tochter: Klaus Plönzke, in Holstein auf einem Bauernhof aufgewachsen und später in der IT-Branche tätig, legte den Grundstein für die Reitbegeisterung seiner beiden Töchter Anja und Britta – wobei sich diese bei der mittlerweile auf Mallorca lebenden und fürs familieneigene Hotel Ca's Xorc verantwortlichen Britta schon früh in Grenzen hielt. Anja dagegen wechselte nach Voltigieren und Ponyreiten schon größenbedingt schnell aufs sogenannte Großpferd. Ihr Vater war ein begeisterter Freizeit- und Jagdreiter, besaß drei Pferde und beschloss –, nachdem die damals zwölfjährige Anja ein paar Testritte auf ihnen bestanden hatte – ihr ein eigenes zu kaufen. Mittlerweile hatte er auch in Heidenrod-Watzelhain, 25 Kilometer von Wiesbaden Richtung Taunus entfernt, den Tannenhof erworben. „Tiere waren schon immer seine Leidenschaft", erzählt Anja. „Und hier hatte er das Gefühl, sich mit allem, was kreucht und fleucht, umgeben zu können." Noch heute zählen außer den Pferden Pfauen, Enten, Schwäne und Schafe zu den Mitbewohnern des Hofs.

„ALS ICH MEIN ERSTES EIGENES PFERD AUSPROBIERTE, GING ES ERST EINMAL MIT MIR DURCH. MEIN VATER HAT SICH DANN DAVORGESCHMISSEN UND ES AM ZÜGEL FESTGEHALTEN. TROTZDEM HABEN WIR ‚DENAR' GEKAUFT, DENN PAPA MEINTE, DAS WÜRDE ICH SCHON HINBEKOMMEN."

Als Anja Plönzke ihr erstes Turnier bestritt, war sie 14. „Es war ein A-Springen. Und ich bin gleich zweimal durch die Startlinie geritten, weil ich dachte, das gehört sich so. Somit konnte ich diesen Wettbewerb abhaken. Danach ritt ich eine A-Dressur – ich hatte überhaupt keine Ahnung, dass es auch Reiterwettbewerbe und E-Dressur gab – und wurde Vierte. Die Schleife habe ich bis heute aufgehoben. Und die 20 DM, die es als Preisgeld gab, auch." Sie ritt abwechselnd Springen und Dressur, und da sie beim Springen öfter mal stürzte, bekam sie Respekt vor dieser Disziplin und beschloss, zukünftig nicht mehr im Parcours, sondern ausschließlich im Viereck zu starten. Mit 18 ritt sie ihr erstes S-Pferd und trainierte in der Nähe des Frankfurter Flughafens bei Conrad Schumacher, der als Topausbilder für Junioren galt. „Ich hatte gerade meinen Führerschein gemacht und mein erstes Auto, einen weißen Nissan Micra, bekommen, deshalb war ich beweglich." Neben Pferden sind Autos heute Anjas

▲ Anjas zweite Leidenschaft heißt Lamborghini.
▼ ‚Fahrenheit' genießt das Solarium.
▶ Blick aus der „erfolgsgekrönten" Sattelkammer auf den sich wärmenden ‚Fahrenheit'.

große Leidenschaft. Neueste Errungenschaft: ein quietschgelber Lamborghini Huracán.

Mit Ausnahme einer kurzen Mutterschaftsauszeit – ihr Sohn Marc ist mittlerweile 25 und arbeitet im 2008 gegründeten familieneigenen Online-Portal ClipMyHorse, mit dem man live alle großen und mittlerweile auch ländlichen Turniere verfolgen kann – saß Anja jeden Tag auf mehreren Pferden und ritt fast immer von Erfolg zu Erfolg. Unter anderem in den World Dressage Masters, bei denen die Prüfungen in Frankreich, Schweden, Florida, England und München-Riem stattfanden.

1982 zog der erste Hengst auf den Tannenhof. Nach und nach wurden es immer mehr, zeitweise standen bis zu 100 Pferde in den Stallungen des mittlerweile auf 65 Hektar vergrößerten Anwesens. „Nach einer Auszeit in Bayern – München ist noch immer meine Lieblingsstadt, und ich habe auch noch eine Wohnung in Schwabing – zog ich zurück auf den Tannenhof. Ich sollte ja eines Tages den Hof führen und wollte die Chance ergreifen, mich von meinem mittlerweile 83-jährigen Vater einweisen zu lassen, solange er noch fit ist." Als Erstes reduzierte sie den Pferdebestand, heute beherbergt das Gestüt 53 Pferde, darunter sieben Deckhengste, Wallache, Stuten, Fohlen, Jährlinge – größtenteils Verkaufspferde. Das Team besteht aus zwölf Leuten, unter

Pferd International
FALSTERBO HORSE SHOW

anderem vier Bereitern – und aus Anja. Täglich beschäftigt sie sich mit der nötigen Büroarbeit, gibt Unterrichtsstunden und reitet vier Pferde. Darunter ihren Favoriten, den zwölfjährigen Hengst ‚Fahrenheit', mit dem sie Siege bei großen Turnieren in München, Nürnberg und Heroldsberg erringen konnte – „Aachen war noch nicht dabei", lacht sie, „aber wir sind ja entwicklungsfähig. Ich sage immer: auf dem aufsteigenden Ast".

„EIN HENGST IST EIN BESONDERS AUSDRUCKSVOLLES PFERD, DAS MAN ABER AUCH BEHERRSCHEN MUSS. DER LAIE DENKT OFT: ACH, WIE TOLL – IST SICH ABER ÜBERHAUPT NICHT IM KLAREN DARÜBER, DASS SICH MAL GEFÄHRLICHE SITUATIONEN ERGEBEN KÖNNEN."

Von Januar bis August ist Deckzeit. Mittlerweile wird nicht mehr auf natürlichem Weg gedeckt, sondern der Hengst bespringt ein sogenanntes Phantom – eine Stute kann manchmal gefährlich sein, wenn sie auskeilt und den Hengst verletzt. Das Sperma wird so bearbeitet, dass es ca. zwei Tage hält. Dafür wird es in eine spezielle Ampulle abgefüllt, mit Eis verpackt und in einer Styroporbox verschickt. „Das ist praktisch", erklärt Anja Plönzke. „Früher musste man mit seinen Stuten quer durch Deutschland fahren, heute kann man einfach den Samen bestellen, der dann injiziert wird." Die Kosten liegen je nach Qualität und Erfolgen des Hengstes zwischen 500 und 1500 Euro. An ‚Fahrenheit' schätzt sie außer seiner Schönheit und seiner Leistungsbereitschaft auf Turnieren auch seine Unkompliziertheit als Deckhengst: „Das erledigt er routinemäßig. Fünf Minuten, und zurück in die Box." Und am nächsten Tag tanzt er wieder.

◂ Männer pfeifen – Hengste flehmen.
▴ Eingang zum Tannenhof.
▾ Selbst vom Paddock behält der Hengst den Überblick.

Anjas
TIPPS

Zucht-beratung

„Voraussetzung ist eine gesunde Stute. Je nach Temperament empfehlen wir den passenden Hengst – wobei die Mischung ‚ruhig kontra temperamentvoll' eigentlich fast immer ein Erfolgsgarant ist."

PARTNER PFERD

„NICHT JEDER TAG IST GLEICH. PFERDE SIND LEBEWESEN, DIE SICH AUF HÖCHSTEM NIVEAU BEWEGEN. AUCH WENN ES MAL NICHT SO GUT KLAPPT, KANN MAN SIE NICHT VERDRESCHEN ODER IN DIE ECKE STELLEN, SONDERN MUSS NACH DER URSACHE SUCHEN. UND WENN DANN ALLES WIEDER IM LOT IST, SOLLTE MAN SIE ZWISCHENDURCH EINFACH MAL NUR PFERD SEIN LASSEN. AUCH MEIN ‚FAHRENHEIT' KOMMT REGELMÄSSIG AUF EIN PADDOCK UND DARF ENTSPANNEN."

Hengstalarm

„Viele Leute sind hin- und hergerissen von der Aura eines Hengstes. Ich warne dann immer davor, dass ein Hengst auch gefährlich sein kann, besonders in einer Reitanlage, in der viele Stuten stehen. Hengst neben Stute – das geht gar nicht. Und auch beim Reiten ist Vorsicht geboten, denn es kann vorkommen, dass der sensibilisierte Hengst Gelüste bekommt, von hinten auf die Stute zu springen. Das ist dann für beide Reiter ein Risiko."

PRÄZISION

an langer Leine

AGNES WERHAHN

Die Neusserin hat das Voltigieren zwar nicht erfunden, aber zu einem attraktiven Sport gemacht, der mittlerweile sogar auf dem CHIO in Aachen gezeigt wird. 2009 wurde ihr der Titel „Voltigiermeister" verliehen: Sechs Goldmedaillen bei Weltmeisterschaften und neun bei Europameisterschaften beweisen, dass sie diesen wahrlich verdient hat. Fast nebenbei startet die 62-jährige Physiotherapeutin mit ihren beiden Pferden ‚Sidney' und ‚Vancouver' erfolgreich in Dressurprüfungen bis Klasse S.

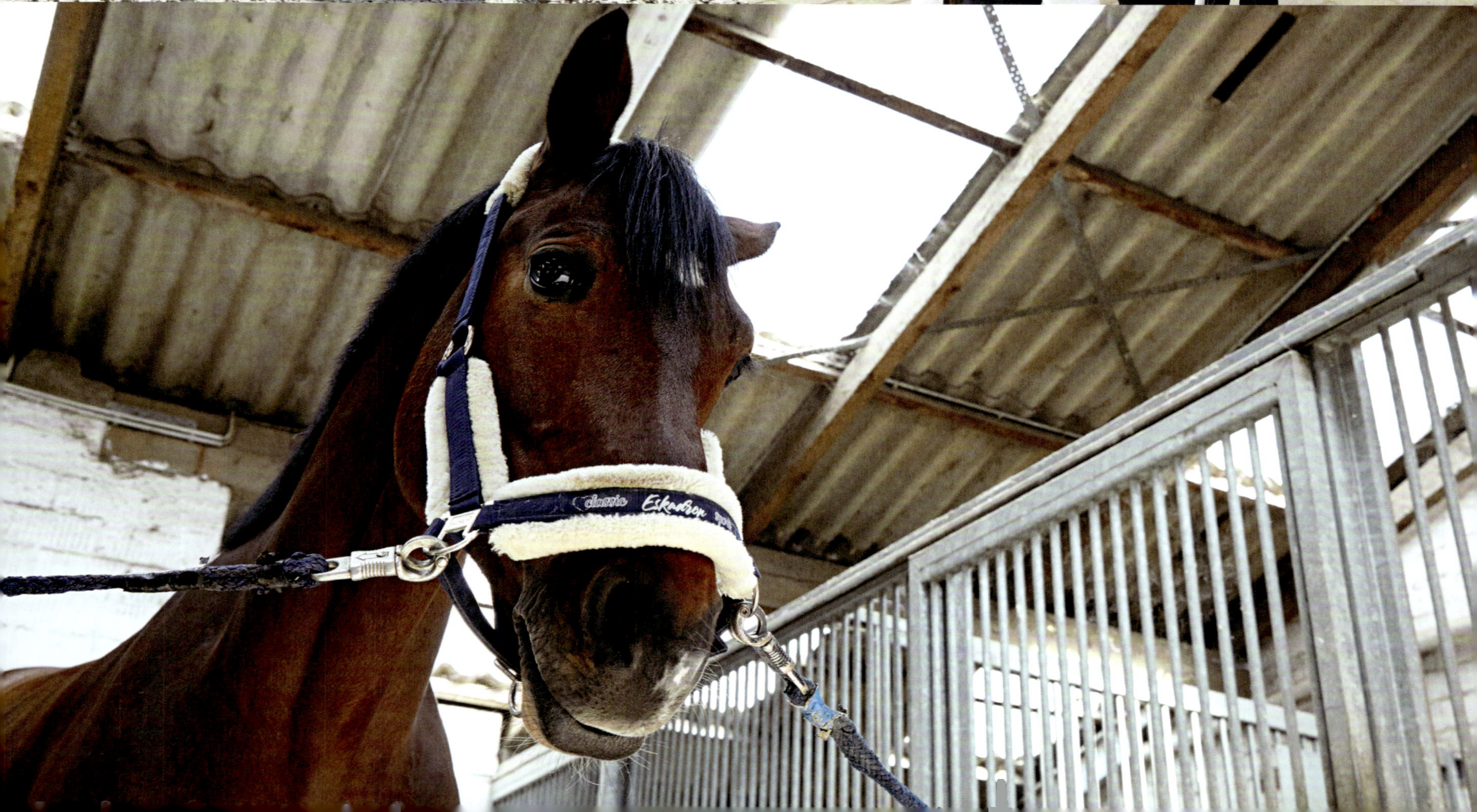
classic
Eskadron

Eigentlich war ihre fünf Jahre jüngere Schwester Elisabeth der Auslöser für die Voltigierkarriere von Agnes Werhahn. Sie hatte von dieser Sportart gehört und wollte das unbedingt mal ausprobieren. „Ich hatte damals noch ganz schreckliche Angst vor Pferden", erinnert sie sich. Fünf Wochen lang hat sie ihrer Schwester zugeschaut, „für mich war dieses Turnen auf dem Pferderücken fast wie Zirkus", dann hielt sie es nicht mehr aus, überwand sich selbst und turnte mit.

➤ Agnes Werhahn mit ihrem achtjährigen Nachwuchspferd ‚Vancouver' im Galopp.
➤ „Und wo bleibt meine Belohnung?" ‚Vancy' nach getaner Arbeit an der Longe.
➤ „Ich bin hier der neue Star" – Topmodel ‚Vancouver'.

„Das Gefühl, zum ersten Mal einen Arm loslassen zu können, ist unbeschreiblich großartig!" Bereits nach einem Jahr nahm sie zusätzlich Reitunterricht und stellte fest, dass es ihr durch ihre bereits antrainierte Körperbeherrschung leichtfiel. Dem Voltigieren blieb sie treu, übernahm 1976 selbst die Longenführung und konnte drei Jahre später mit der Mannschaft ihres Vereins RSV Neuss-Grimlinghausen die erste Deutsche Meisterschaft gewinnen.

„EIN VOLTIGIERPFERD SOLLTE RUHIG UND GELASSEN SEIN UND KEINE ZU AUFWENDIGE GALOPPADE HABEN. DAS GIBT DEN MÄDCHEN UND JUNGEN EIN GEFÜHL VON SICHERHEIT."

Während ihres Studiums leistete sich Agnes Werhahn 1981 vom Ersparten ihr erstes eigenes Pferd, einen etwas kurzbeinigen, etwas zu langen Fuchs aus Holland namens ‚Mr. Whopper'. Bevor sie den Kaufvertrag unterzeichnete, probierte sie ihn erst einmal beim Voltigieren aus: „Ich dachte, es wäre gut, eine Reserve zu haben, falls unser Vereinspferd mal krankheitsbedingt ausfällt." ‚Mr. Whopper' schrieb Geschichte: „Er wurde der erste Europameister für alle sechs Einzel-Voltigierer und hatte im Februar 1987 sogar einen Auftritt beim Ball des Sports. Das war total aufregend, denn wir mussten ja an Polizisten mit Maschinengewehren vorbei, an zwölf Meter Stuhlreihen, an fotografierenden Journalisten und der ganzen Prominenz aus Politik, Wirtschaft und Sport. Zum Glück blieb er ganz cool. Und auf einer Kunstrasenfläche durfte er dann galoppieren. Das war toll – aber heute würde ich so was nicht noch mal wagen." ‚Mr. Whopper' wurde 30 Jahre alt und blieb so fit, dass er mit 20 noch als Kutschpferd eingefahren wurde.

„Dreimal in der Woche wird voltigiert, und zwar immer links herum, da man ja von der linken Seite des Pferdes aufspringt. Das ist genauso wie beim Aufsteigen. Deshalb ist es wichtig, dass die Pferde zwischendurch auch ganz normal geritten werden, und zwar vermehrt auf der rechten Hand. So schafft man einen Ausgleich für die Gelenke", erklärt Agnes Werhahn. Sie longiert nicht nur das Pferd auf dem Zirkel mit den erforderlichen 18 Metern Durchmesser, sie stellt auch die Übungen für die jeweilige Kür zusammen. Zusätzlich absolvieren die Voltigierer ein Athletiktraining, sie reiten das Pferd dressurmäßig oder belohnen es mit einem Ausritt. „Im Schnitt muss man vier Jahre daran arbeiten, bis aus einem nor-

▲ Mit ihren Voltigierteams hat Agnes Werhahn zahlreiche Medaillen gewonnen.
▼▶ Mit ihrem Lieblingspferd ‚Roman' war sie oft im Dressurviereck erfolgreich.

malen ein gutes Voltigierpferd wird. Es muss auch erst einmal verkraften, dass ihm an manchen Tagen statt einem Sattel ein Gurt mit zwei Griffen umgelegt wird und Leute auf ihm rumturnen. Mittlerweile wird auch auf einem Holzpferd geübt, damit die einzelnen Figuren möglichst perfekt sitzen." Seit 2005 trainiert Agnes Werhahn auch die brasilianische Nationalmannschaft. „Zwischendurch bin ich aus Zeitgründen mal ausgestiegen", erzählt sie, „aber seit drei Jahren fliege ich mindestens einmal im Jahr zum Team und helfe, seinen Standard zu erhalten."

„RICHTIGES LONGIEREN IST GENAUSO SCHWIERIG WIE GUTES REITEN. DAS PFERD SOLL JA NICHT NUR UM EINEN RUMTROTTEN, SONDERN ES MUSS GYMNASTIZIERT WERDEN. DAZU GEHÖREN TEMPOUNTERSCHIEDE IN DEN EINZELNEN GANGARTEN GENAUSO WIE GANZE PARADEN ZUM HALTEN UND DARAUS WIEDER ANTRABEN ODER ANGALOPPIEREN."

Ihre beiden Dressurpferde, den elfjährigen ‚Sidney' und den achtjährigen ‚Vancouver' – „reiner Zufall, dass die beiden nach Städten heißen" –, longiert die Expertin zwei-

313

◂ Erster Rheinischer Meistertitel im Voltigieren 1978.
▸ 1983: Als Longenführerin Gewinn der Deutschen Meisterschaft 1983 in Freudenberg.
◂ Agnes' erster Wettkampf an der Longe 1974 in Aachen.

mal pro Woche. „Mein erster Ausbilder kam aus der Kavallerie und hat mir beigebracht, das Pferd zuerst ganz tief einzustellen, damit es gut über den Rücken schwingen kann und die Beine gleichmäßig durchfedern. Wenn dieses Ziel erreicht ist, kann man für kurze Zeit das Genick mal richtig nach oben nehmen. Also ähnlich wie beim Reiten." Beide Pferde sind für die unverheiratete Agnes Werhahn wie Kinder. ‚Sidney' ist hochsensibel und ‚Vancy' eher ein bisschen kess, das ergänzt sich ganz gut. Das ist wie: Du bist neben mir und fühlst dich sicher – also fühle ich mich auch sicher! Man darf nur nicht ungeduldig werden, das fühlen die sofort." Ihr absoluter Glücksmoment ist, „zu merken, dass man ganz eins mit dem Pferd ist. Zu spüren, dass es mir zuliebe etwas tut. Das ist schon ein sehr berührendes Gefühl". Pferde sind somit auch das Lieblingsmotiv der begeisterten Hobbyfotografin. „Vor allem ihre Augen. Da liegt so viel Seele drin."

Agnes'
TIPPS

Nicht aufgeben

„Meine Mutter ist als junges Mädchen mal vom Pferd gefallen und dann nie wieder geritten. Ich kann nur raten: sofort wieder aufsitzen, dann verliert man die Angst von selbst. Voraussetzung ist natürlich, dass man sich nicht verletzt hat."

Erfolgs-garant

„ICH KANN ALLEN ELTERN NUR EMPFEHLEN, IHRE KINDER ZUM VOLTIGIEREN ZU SCHICKEN. DAS VERBESSERT DIE HALTUNG, STÄRKT DAS SELBSTBEWUSSTSEIN UND IST NICHT SO KOSTSPIELIG WIE REITEN. IDEALES EINSTIEGSALTER FÜR MÄDCHEN IST SECHS, FÜR JUNGEN ACHT."

DRESS-CODE

„Beim Voltigieren unbedingt eng anliegende Kleidung tragen und die Haare zusammenbinden, um zu vermeiden, dass man bei den Übungen irgendwo hängen bleibt. Das ist ein Sicherheitsfaktor."

Zufalls- VOLLTREFFER

BARBARA FRIEDE

Die Liebe zum Pferd ist ihr nicht in die Wiege gelegt worden. Umso glücklicher ist die Münchner Physiotherapeutin, dass sie ihr Hobby mittlerweile mit ihren beiden Töchtern teilen kann. So oft wie möglich fahren die drei zu ihrem Pferd ins Chiemgau.

Alles hatte ganz anders begonnen: Ursprünglich wollte Barbara Friede eine Karriere als Eiskunstläuferin starten, war bereits bayerische Vizemeisterin und für die Deutsche Meisterschaft nominiert – da zogen ihre Eltern von München nach Seeon im Chiemgau, und aus war der Traum. Ein Leben ohne Sport? Undenkbar für die damals Elfjährige.

▸ Barbara Friedes Trakehner-Stute ‚Schneekanone'.
◂ Trakehner-Nachwuchs auf dem Meierhof in Seeon.
▾ Barbara mit ihrer Tochter Filippa, die ebenfalls pferdevernarrt ist.

„Such dir was aus, wo du mit dem Fahrrad hinkommen kannst", riet ihr die Mutter. Und da es in Seeon nur einen Reitstall gab, fiel die Entscheidung nicht schwer. „Ich bin wirklich per Zufall zum Reiten gekommen", erzählt die heute 50-jährige Physiotherapeutin, Sportwissenschaftlerin und Heilpraktikerin. „Nicht, weil es mein Mädchentraum war."

„ICH HABE MICH LANGSAM HOCHGEARBEITET. VOM AUSMISTEN BIS ZUR TEILNAHME AN VIELSEITIGKEITSTURNIEREN."

Jeden Tag radelte Barbara Friede zum gegenüber dem Kloster Seeon gelegenen Meierhof, einem Reitbetrieb, auf dem seit zwei Generationen Trakehner-Pferde gezüchtet werden. „Einige Mädchen aus meiner Klasse waren auch dort", erinnert sie sich. „Wir bildeten schnell eine Clique und verdienten mit Ausmisten, Pferde-auf-die-Koppel-Bringen und Hofarbeit das Geld für unsere Reitstunden. Aber wie üblich, wurden die Pferde beliebig zugeteilt. Wenn man eines besonders gern hatte, bekam man es garantiert vier Wochen nicht." Sie war 13, als die Gutsherren Beate und Wolfgang Heise ihr Talent erkannten, daraufhin das erste Pflegepferd zur Verfügung stellten und sie für den „Modernen Vierkampf", der aus Dressur, Springen, Schwimmen und einem 800-Meter-Lauf besteht, förderten. Größter Erfolg war der Gewinn der Deutschen Meisterschaft. „Danach durfte ich – neben der Schule – auf dem Hof junge Pferde ausbilden und auf Vielseitigkeitsturnieren, welche Dressur, Springen und einen Geländeritt beinhalten, vorstellen." Wermutstropfen für Barbara: Wenn ein Pferd erfolgreich war und ein entsprechender Preis geboten wurde, ging es in andere Hände über. Eine Ausnahme war ihr Liebling ‚Galan', ein Brauner. „Eigentlich werden im Vielseitigkeitssport vorrangig Iren eingesetzt, aber Trakehner sind extrem ausdauernd, hart und zäh. Sie geben einfach alles!"

„ICH HATTE NIE EIN EIGENES PFERD. NACH MEINEM STUDIUM HABE ICH VON EINEM TAG AUF DEN ANDEREN MIT DEM REITEN AUFGEHÖRT."

Barbara Friede beschloss, sich auf ihren Beruf als Physiotherapeutin zu konzentrieren, Endziel war eine eigene Praxis in München. In ihrer Freizeit ging sie mit Freunden klettern, mountainbiken, marathonlaufen – und lernte schließlich ihren Mann Thomas, einen begeisterten Surfer, kennen. Erst die Töchter Carlotta (13) und Filippa (11) haben sie wieder zu den Pferden zurückgeführt. Na-

▸ Im Mutterglück: Trakehnerstute ‚Matilda' mit ihrem Fohlen.

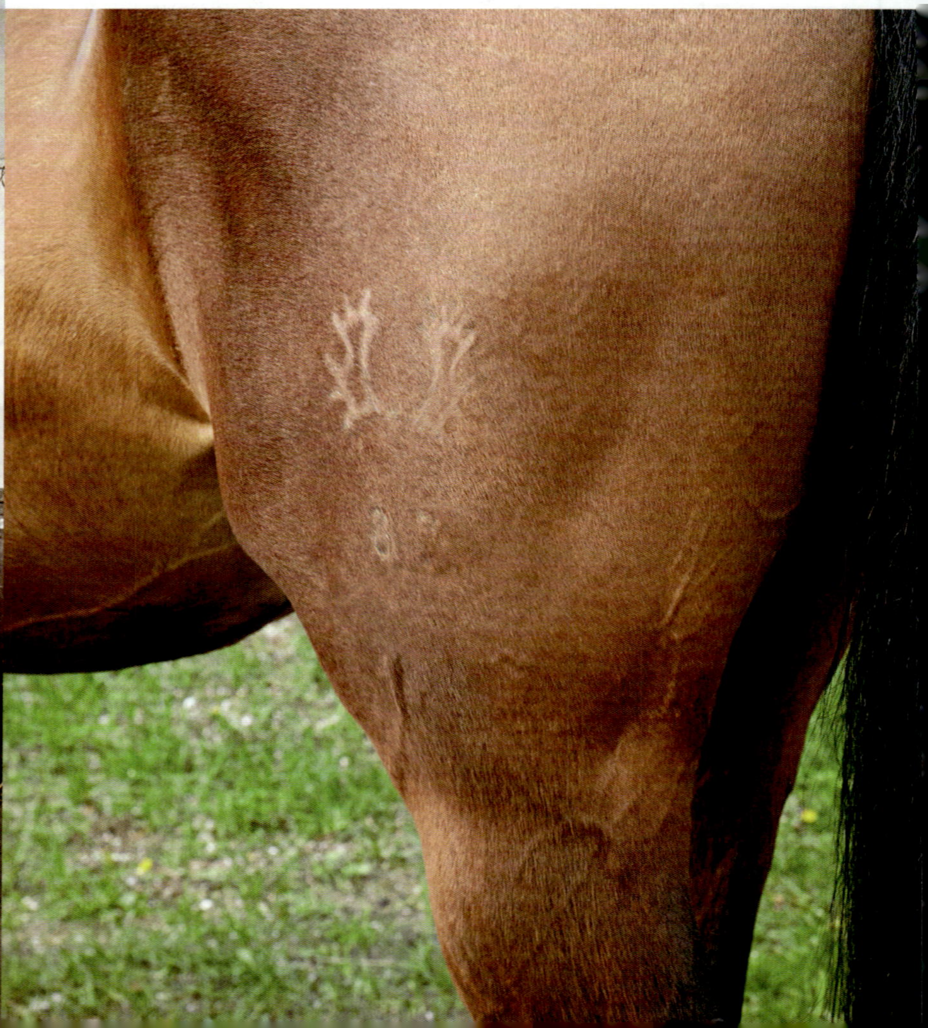

◤ Frühling auf dem Meierhof.
◥ Im Stall hängt die doppelte Elchschaufel, das Brandzeichen der Trakehner.
◢ Bei Pferden wird es auf der linken Pobacke eingebrannt.
◣ Wie ein altes Gewölbe: die Stallungen vom Meierhof.
▸ Pferdefamilie: Barbara Friede, ‚Schneekanone', Filippa (links) und Carlotta.

türlich in Seeon, und natürlich unter der Ägide von Beate und Wolfgang Heise vom Meierhof. „Obwohl wir in München lebten, hing mein Herz immer noch an Seeon. Inzwischen haben wir uns am Flussufer ein Haus gekauft." Das Wochenende und einen Nachmittag unter der Woche verbringt die Familie im Chiemgau. Barbara gibt ihren Töchtern Reitunterricht. Und seit zwei Jahren gibt es – endlich – das erste eigene Pferd, die Trakehner-Fuchsstute ‚Schneekanone'. „Ein schrecklicher Name, aber die Mutter heißt ‚Schneewittchen' und der Vater ‚Schneekönig'. Eingetragene Pferdenamen sollte man nicht ändern, das bringt Unglück."

„WIR HABEN UNS DEN TRAUM VOM EIGENEN HAUS ERFÜLLT. EIN HOF KÄME NICHT INFRAGE."

Eine „romantische Vorstellung" nennt Barbara Friede die Vision, ein oder mehrere Pferde sozusagen als Haustiere zu halten. „Man braucht Personal. Eine Reithalle für den Winter. Da es wichtig ist, sich und die Pferde immer wieder korrigieren zu lassen, muss man einen Trainer engagieren – aber wer kommt regelmäßig für den Unterricht auf einen entlegenen Hof? Was wird aus Urlaubsplänen? Ich bin da Realistin", betont die von ganzem Herzen begeisterte Reiterin, „aber ich glaube, dass man in einer guten Anlage besser aufgehoben ist. Ich denke da auch an meine Kinder: Hier finden sie sofort Freunde. Sind in einer Clique, so wie ich damals."

Barbaras
TIPPS

Geduldsprobe

„Unsere ‚Schneekanone' hatte letztes Jahr leider eine Kolik. Das war Pech für die Kinder, die gerade erfolgreich auf kleinen Turnieren waren. Aber man muss sie daran gewöhnen, dass die Gesundheit eines Pferdes wichtiger ist als der eigene Ehrgeiz."

Stadt & Land

„WER WIE ICH STADTKINDER HAT, SOLLTE SIE BEHUTSAM MIT DEM PFERDEALLTAG VERTRAUT MACHEN. DAZU GEHÖRT – WIE DAMALS BEI MIR – AUSMISTEN, DIE TIERE AUF DIE KOPPEL BRINGEN UND DANN ERST MAL AN DER LONGE DIE ERSTEN ERFAHRUNGEN AUF DEM PFERDERÜCKEN MACHEN. ALLES ANDERE ENTWICKELT SICH VON SELBST."

FIRST LADY

des Reitsports

MADELEINE WINTER-SCHULZE

Chapeau, Madeleine! Sie ist aus vollem Herzen Mäzenin, kauft talentierte junge Pferde für Dressurreiterin Isabell Werth und Springreiter Ludger Beerbaum – und bereitet sich damit selbst die größte Freude. Ohne die großzügige Unterstützung der früher selbst erfolgreichen Championesse hätte die deutsche Reitszene nicht ihr heutiges Standing erreicht.

R

Der Siegerin
Deutsches
Berliner Meister 1984
im Dressurreiten der Senioren
Landesmeisterschaften 1992
Senioren Dressur

Einfach nur dasitzen und vor sich hin träumen – das ist nichts für Madeleine Winter-Schulze. Die 78-Jährige ist trotz Oberschenkelhalsbruch 2018 – sie war nach dem Gewinn der Deutschen Mannschafts-Goldmedaille bei der Weltmeisterschaft in Tryon, North Carolina, auf einer Stallmatte ausgerutscht – wieder flink wie ein Wiesel.

▲ Madeleine Winter-Schulze in ihrer Reithalle. Die Fotos an den Wänden spiegeln Stationen ihres Reiterlebens wider.
◄ Ehrenplatz vor der Schleifenparade: Die Jack Russel Terrier ‚Tigger' und ‚Wilma' gehören den Pferdepflegerinnen Anja und Alex.
► Ihre Schimmelstute ‚Despina'.

Und freut sich diebisch, dass sie auf Turnieren, zu denen sie ihre „Jockeys" Isabell und Ludger so oft wie möglich begleitet, auch mal auf verbotenen Wegen vom Parkplatz aufs Reitgelände gelangen kann.

„ICH HATTE DAS GROSSE GLÜCK, DASS MEIN VATER ÜBER DIE FINANZIELLEN MÖGLICHKEITEN VERFÜGTE, DIE REITERLICHEN TALENTE SEINER BEIDEN TÖCHTER ZU FÖRDERN UND DEMENTSPRECHENDE PFERDE ZU KAUFEN. ICH GLAUBE, DAS KÖNNTE DEN GRUNDSTEIN ZU MEINER HEUTIGEN PASSION GELEGT HABEN."

Den Pferden ist Madeleine Winter-Schulze seit ihrer Kindheit verbunden. Erste Ausritte durch den Berliner Grunewald, die sie abwechselnd mit ihrer zwei Jahre älteren Schwester Marion auf ‚Alfredos', dem Freizeitpferd ihres Vaters unternahm, bildeten die Basis für ihre Leidenschaft. „Ihre Töchter haben Talent zu mehr", meinte zu Beginn der 1950er-Jahre der damalige Reitlehrer der Anlage „Hundekehle". Eduard Winter, erfolgreich mit Autohäusern – zuerst Opel, dann VW, später Porsche –, wusste, was zu tun war: Er machte seine beiden Mädchen „beritten" – Marion vorwiegend für den Springsport, Madeleine für Dressur mit gelegentlichen Ausflügen ins Springlager. Bereits mit zwölf gewann sie ihre erste Junioren-Reiterprüfung, mit 18 dann, zwei Monate, nachdem ihr Vater verstorben war, die Deutsche Meisterschaft in der Dressur mit ihrer Stute ‚Coca Cola', benannt nach einem weiteren Geschäftszweig Eduard Winters. „Ich bin mir sicher, er hat von oben zugeschaut", lächelt Madeleine und bezeichnet diesen Sieg als ganz besonderen Moment, „denn er hat mich motiviert weiterzumachen". Viele Erfolge sollten folgen, unter anderem 1969 und 1975 auch im Springsattel. „Ich bin die Einzige, die Deutsche Meisterin in beiden Disziplinen wurde", erzählt sie nicht ohne Stolz, dabei aber völlig unprätentiös, fast wie nebenbei. Trotzdem kann sie den Glanz in ihren Augen nicht verbergen …

„Der Umzug von der Großstadt in das kleine Mellendorf in der Gemeinde Wedemark in Niedersachsen war eine Herausforderung: ungefähr 7000 Einwohner – für mich als typische Berliner Pflanze erst einmal unvorstellbar. Aber mein Mann Dieter konnte mich davon überzeugen, dass wir dort unser Paradies schaffen würden. Wir zwei, viel Land und unsere Pferde", erinnert sich Madeleine. In Berlin arbeitete sie halbtags in der Firma ihres Vaters, die restliche Zeit saß sie im Sattel. „1978 verstarb unser Freund Hartwig Steenken, ein be-

▲▲ Reithalle mit viel Licht.
▲ Und wie sich Madeleine freuen kann!
▶ Hoffnungsträger: ein Jährling aus der Stute ‚Forever Fun' und dem leider kürzlich verstorbenen Hengst ‚Chaman'.

gnadeter Springreiter, im Alter von nur 36 Jahren nach einem Autounfall. Sein Hof in Mellendorf stand zum Verkauf. Dieter, ebenfalls Springreiter, träumte den Traum von einem Pferdeparadies."

„Und da er die Liebe meines Lebens war, bin ich ihm gefolgt", erzählt Madeleine ein wenig wehmütig, denn 2008 verstarb ihr Mann Dietrich, von allen nur Dieter genannt, an Krebs. Nach und nach hatte das Ehepaar den Hof vergrößert. „Ludger züchtet ja auch, da brauchen wir viel Wiesen für Fohlen, Jährlinge, Zweijährige, die nachfolgenden Jahrgänge und unsere Senioren. Vor zwei Jahren habe ich einen Offenstall bauen lassen, das ist eine gute Kontaktbörse für die Pferde", lacht sie. Zu ihrem Mellendorf-Team gehören ein Bereiter für die Dressur- und einer für die Springpferde. „Ludger kommt oft, um die Dreijährigen mit anzureiten und um beim Training zu helfen." Sie selbst ist nicht mehr aktiv im Sattel: „Vor ungefähr neun Jahren habe ich mich noch mal zum Spaß auf Ludgers ‚Goldfever' geschwungen, der wurde damals schon nicht mehr im Sport eingesetzt. Ich bin abgestiegen und habe gedacht: Das war's jetzt! Und dabei ist es auch geblieben."

Schon immer gab es Pläne: „Sowohl mein Mann als auch ich hatten uns Ende der 90er-Jahre aus dem aktiven Sport zurückgezogen und waren auf der Suche nach Talenten für den Dressur- und Springsport. Nur die besten sollten es sein! Ludger war eine Empfehlung vom damaligen Bundestrainer Herbert Meyer. Und Isabell hatte ich durch meinen Job als Equipe-Chefin der deutschen Dressurmannschaft kennengelernt. Es war Freundschaft auf den ersten Blick."

So oft wie möglich begleitet Madeleine Winter-Schulze ihre beiden „Jockeys" zu Turnieren und ist am glücklichsten, wenn beide am selben Ort starten, wie etwa im Frühjahr 2019 in Hagen am Teutoburger Wald. Ansonsten besucht sie die beiden, die sie mittlerweile und besonders nach dem Tod ihres Mannes zu

◂ Lange Beine: Fohlen von ‚Forever Fun' und ‚Colestus'.
▴▴ ‚Despina' mit ihrer Reiterin Heike Willenberger, die sie auch auf Turnieren vorstellt.
▴ Madeleine mit ihrem Bereiter Paul und dem Schimmel ‚Clintorado'.

ihrer Familie zählt, regelmäßig: „Ich habe auf jedem Hof ein Zimmer, freue mich aber genauso, wenn sie mich in meinem mittlerweile stillen Haus besuchen. Ich sage dann immer: Bringt Badesachen mit, denn um Dieters Rückenprobleme zu erleichtern, habe ich extra einen Pool bauen lassen."

„DIE PFERDE, DIE ICH FÜR MEINE JOCKEYS KAUFE, SIND UNVERKÄUFLICH. SIE BLEIBEN BEI UNS, BIS SIE UMFALLEN. GOTT SEI DANK KANN ICH MIR DAS LEISTEN."

Und wenn wir schon über Geld reden: „Springpferde sind teurer als Dressurpferde. Das liegt daran, dass sich Isabell meist junge Pferde aussucht, die sie selbst ausbildet. Ludger braucht schon erfahrene Sportler zum sofortigen Einsatz, und die sind natürlich teurer. Aber beide achten aufs Geld, und ich kann sicher sein, dass da ein faires Preis-Leistungs-Verhältnis herrscht." Für ihr Engagement und ihre Verdienste in Deutschlands Reiterszene wurde Madeleine Winter-Schulze am 3. Mai 2017 das „Reiterkreuz in Gold mit Brillanten" verliehen. Zuvor hatten es nur die Dressur-Olympiasiegerin Liselott Linsenhoff und der Begründer und langjährige Präsident der Deutschen Reiterlichen Vereinigung Dieter Graf Landsberg-Velen erhalten. „Die sind beide schon tot, also sollte ich gut auf mich aufpassen", lacht sie mit dem für sie so typischen trockenen Humor. Das Kreuz liegt bei ihr zu Hause auf einem Bord, zusammen mit allen anderen Auszeichnungen, „funkelt und sieht schön aus". Aber Glück, vor allem im Zusammenhang mit Pferden, ist etwas ganz anderes: „Das hängt nicht von Sieg oder Nichtsieg ab. Wenn ich bei meinen Jockeys zu Hause bin und zuschaue, wie sie ihre Pferde reiten, und ich dann das Gefühl habe, das richtige für sie gekauft zu haben – das ist mein absolutes Glück. Ein Sieg kann nur das Tüpfelchen auf dem i sein."

Madeleines TIPPS

Erfolg genießen

„Man sollte sich an Siegen freuen, ihnen aber nicht zwanghaft nachjagen. Ich bin zum Beispiel nur ein einziges Mal in Aachen gestartet, habe in der sogenannten kleinen Tour des Grand Prix gewonnen, die Ehrenrunde in dem einzigartigen Stadion genossen und gedacht: Das war so toll – kann nur noch schlechter werden.“

Fair-Play

„Es ist ja nun mal so, dass viele Turnierprüfungen schon in den frühen Morgenstunden beginnen. Für mich ist es eine Selbstverständlichkeit, auch schon um 6 Uhr am Abreiteplatz zu sein und mitzufiebern. Gefrühstückt wird dann eben später. Das sollten eigentlich alle, die ihre Pferde anderen Reitern zur Verfügung stellen, so handhaben.“

DEN ABSPRUNG FINDEN

„Während meiner aktiven Sportlerzeit habe ich bei dem wunderbaren Herbert Rehbein trainiert. Nach seinem Tod 1997 fehlte mir die Motivation für weitere Starts und ich beschloss, junge Talente zu fördern. Genauso habe ich vor neun Jahren generell mit dem Reiten aufgehört. Irgendwann muss mal Schluss sein. Aber das muss natürlich jeder für sich entscheiden.“

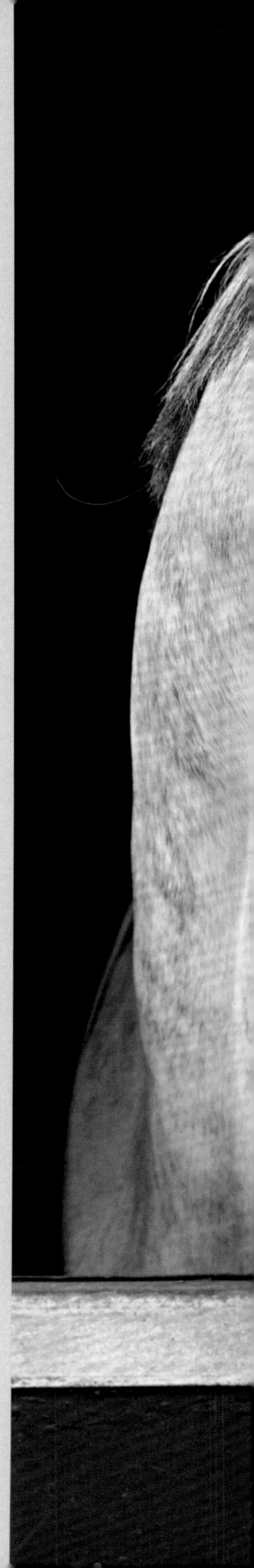

Groß- FAMILIE

DR. NICOLA HOHMANN

Die Tierärztin lebt mit ihrem Mann, vier Kindern, zwölf Pferden, vier Hunden, vier Katzen, drei Laufenten und zwei Gänsen auf einem Hof in der Lüneburger Heide. In ihrer Jugend widmete sie sich erfolgreich dem Turniersport, heute reitet sie nur noch zum Spaß.

„Eines Abends standen mein Mann Thorsten und ich nach getaner Stallarbeit – unsere Kinder lagen schon im Bett – bei Sonnenuntergang ziemlich erschöpft vor unserer Weide und ließen den Blick übers Land schweifen“, erinnert sich Nicola Hohmann. „Er meinte: Wie viel Zeit und wie viel Geld hätten wir, wenn wir keine Pferde besäßen – und fragte mich dann ganz direkt, was ich mit dem Geld anfangen würde.

▲ Paradies für Zwei- und Vierbeiner sowie gefiederte Familienmitglieder: Hof Bargmoor, eine ehemalige Revierförsterei in der Lüneburger Heide.
◀ Gretchen mit ihrem Schimmelpony ‚Solita‘.
▶ Nicola Hohmann auf ihrem Liebling ‚Lik it‘.

Die Antwort war für mich völlig klar: Ich würde mir wieder ein Pferd kaufen. Und ich würde es gern am Haus halten. Ein paar Fohlen dazu – und dann wären wir in kürzester Zeit da, wo wir heute sind.“ Heute: Das ist der idyllisch gelegene Hof Bargmoor in Dahlenburg in der Lüneburger Heide, 1872 erbaut und ursprünglich eine Revierförsterei.

„SEITDEM ICH REITE, HABE ICH VON EINEM EIGENEN HOF GETRÄUMT.“

2009 haben die Hohmanns – Thorsten ist übrigens ebenso Tierarzt, Nicola hat sich mittlerweile auf Osteopathie bei Pferden spezialisiert – das Anwesen erworben: Die alte Försterei mit zwölf Zimmern und drei Bädern, 7000 Quadratmetern Grundstück plus drei Hektar Weide in Erbpacht. Der Hauptstall war vorhanden, reichte aber für die Hohmann'sche Pferdeschar nicht aus – also wurden zusätzliche Boxen gebaut. Dort stehen zwölf eigene Pferde, zum Teil selbst gezogen, der Senior ist ein 36-jähriges Pony namens ‚Leopold‘, das Thorsten als Kind mit neun Jahren bekam. „Unsere Pferde bleiben bei uns, bis sie umfallen“, erklärt Nicola. Ebenfalls zur Familie gehören die Deutsche Dogge ‚Kalle‘, die Jack Russell Terrier ‚Wilma‘, ‚Clementine‘ und ‚Motty‘, die Gänse ‚Clara‘ und ‚Clodwig‘, die Enten ‚Charles‘, ‚Tina‘ und ‚Trick‘ sowie die Katzen ‚Tiger‘, ‚Milli‘, ‚Pfötchen‘ und ‚Teak‘.

Zur Reiterei kam Nicola durch ihre Mutter, die Düsseldorfer Modedesignerin Uta Raasch, Ende der 70er-Jahre in den Sommerferien auf der Nordseeinsel Sylt. Bald entdeckte sie ihre Leidenschaft fürs Dressurreiten, bekam die Chance, bei Olympiasieger Klaus Balkenhol zu trainieren und wurde 1993 Junioren-Mannschafts-Europameisterin – „dass ich bei der Einzelplatzierung nur Vierte wurde und damit eine Medaille knapp verfehlte, wurmt mich noch heute“, gibt die mittlerweile 47-Jährige zu. Nach ihrem Tiermedizinstudium lernte sie vor 18 Jahren bei Dr. Matthias Baumann, 1988 Mannschafts-Olympiasieger im Vielseitigkeitsreiten, ihren jetzigen Ehemann Thorsten kennen. „Eigentlich war er mein Praktikant, aber ganz schnell die große Liebe“, lacht sie. Die vier Kinder Kilian, Leonard, Margareta und Johan reiten ebenfalls, allerdings größtenteils zum Spaß. „Man sollte Kinder nicht zum Turniersport zwingen, bloß weil man selber mal erfolgreich war. Ich sehe das Ganze sehr spielerisch, freue mich aber, dass unser Gretchen Dressurambitionen hat. Sie ist überhaupt völlig pferdeverrückt, backt sogar ihre eigenen Leckerlis.“

„MEIN HEUTIGER EHRGEIZ BESTEHT DARIN, PFERDEN ZU HELFEN.“

Gretchen und Leo gönnen ihren Pferden ‚Solita' und ‚Florida' ein Fußbad.

▲▼▶ Die Osteopathin bei der Arbeit: „Ich gebe manuelle Impulse, um Blockaden in der Muskulatur zu lösen."

An ihrem Beruf als Osteopathin schätzt Nicola Hohmann die Verbindung zwischen Medizin und Reiten. Sie legt Wert auf richtiges Gymnastizieren zur Gesunderhaltung des Pferdes: „Ich möchte nicht nur das Symptom heilen, sondern die Ursache dafür finden", beschreibt sie ihre Tätigkeit und erzählt, dass sie während ihres Studiums vergeblich nach den entsprechenden Fächern gesucht hatte. Erst bei einem Institut in Dülmen konnte sie die gewünschte Spezialausbildung absolvieren. Heute ist sie in der Lage, Blockaden im Genick, an den Wirbeln, der Hüfte, den Knien bis zum Hufgelenk zu behandeln. „Ich gebe Impulse, um die Muskulatur zu lösen. Das kann mitunter schon etwas knacken." Und ist auch körperlich anstrengend – maximal fünf Pferde pro Tag kann die 1,76 Meter große und 62 Kilogramm leichte Ärztin behandeln.

Ihrer einstigen Passion, dem großen Dressursport, trauert sie nicht nach. „Ich reite erst wieder, seitdem die Kinder größer sind. Genau gesagt, seit vier Jahren. Mein Schönstes ist es, wenn wir alle durch den Wald, der zum Forstrevier gehört, preschen. Oder wenn ich ganz allein mit meinem spaßeshalber nach Pferde-Lecksteinen benannten Liebling ‚Lik It' im starken Trab einen Sandweg entlangschwebe."

◂◂ Leo mit seiner Stute ‚Florida'.
◂ Gehört zur Familie: Lauferpel ‚Charles'.
▴▴ Gretchen bereitet ‚Jojo' aufs Ausreiten vor. Wichtig: Hufauskratzen und Gamaschen.
▸ Auf dem Shetty-Wallach ‚Schelm' haben alle vier Kinder reiten gelernt.

Nicolas
TIPPS

Pferdeleckerlis à la Gretchen

„Äpfel mit allem Drum und Dran zerreiben und mit Haferflocken mischen, bis ein fester Brei entsteht. Kügelchen formen und auf Backpapier im Ofen bei ca. 130 Grad Umluft beziehungsweise 150 Grad Ober-/Unterhitze 20–30 Minuten trocknen lassen. Mit dem Finger testen, ob die Leckerlis durchgebacken sind. Pferde sollten sie nicht frisch fressen, deshalb ein paar Tage aufbewahren, bevor sie verfüttert werden."

Früher Vogel

„Wer einen eigenen Stall hat und ihn selbst bewirtschaftet, sollte sich darüber im Klaren sein, dass spätestens um 6 Uhr der Wecker klingelt. Alltagsprogramm: Pferde füttern, Boxen ausmisten, Pferde auf die Koppel bringen – sie sollten, mit entsprechenden Decken ausgerüstet, auch bei Regen und Schnee draußen sein."

ERNÄHRUNGSTIPP FÜR SENIOREN

„Wenn seine Backenzähne aufgebraucht sind, kaut ein Pferd sozusagen ‚auf der Felge'. Wichtig: das Futter komplett einweichen, beispielsweise Heucobs mit warmem Wasser aufgießen, damit sie schön aufquellen, oder ein spezielles Senioren-Müsli. Äpfel oder Mohrrüben, sonst eine sehr beliebte Belohnung, können alte Pferde nicht mehr kauen."

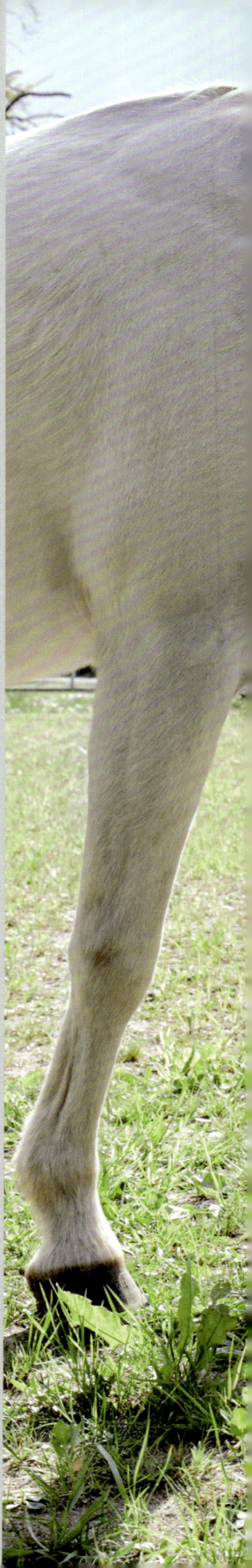

DIE

Freudentänzerin

ISABELL WERTH

Goldwert(h): Mit zehn Olympiamedaillen – sechsmal Gold, viermal Silber –, neun WM-Titeln, 14 EM- plus 14 DM-Siegen ist die Rheinbergerin die erfolgreichste Dressurreiterin aller Zeiten. Seit 2004 betreibt sie ihren eigenen Turnier- und Ausbildungsstall, in dem auch die Stars ‚Bella Rose', ‚Weihegold' und ‚Emilio' ein ganz gemütliches Zuhause haben.

CAVALLERIA
TOSCANA

„Emilio, vieni qua, lasciate cominciare" – Emilio, komm her, lass uns anfangen –, erklingt eine Männerstimme mit typischem Italo-Schmelz, untermalt von Orchesterklängen zu „Funicolì, Funicolà". Und Isabell Werth passagiert dazu mit ihrem 13-jährigen Wallach ins Dressurviereck.

◂ Isabell Werth mit ihrem 17-jährigen Hannoveraner-Wallach ‚Don Johnson', genannt ‚Johnny'. 2019 soll seine Abschieds-Turniersaison sein.

Bei den Deutschen Meisterschaften 2019 in Balve gewann sie mit fast 90 Prozent zum 15. Mal die Grand-Prix-Kür, begleitet von mediterranen Liedern und Arien, die dem Westfalen mit dem italienischen Namen sozusagen auf den braun glänzenden Leib geschneidert sind.

„URSPRÜNGLICH HATTE ICH MICH FÜR SPRINGEN UND VIELSEITIGKEITSREITEREI INTERESSIERT. ERST DURCH DR. UWE SCHULTEN-BAUMER KAM ICH ZUR DRESSUR."

Als Fünfjährige machte Isabell Werth mit Unterstützung ihrer Eltern Brigitte und Heinrich, die einen landwirtschaftlichen Betrieb besaßen, erste Reitversuche auf einem Pony namens ‚Illa'. Wenig später ging sie dann mit ‚Funny', ebenfalls Pony, auf ländlichen Turnieren in kleineren Springprüfungen an den Start, „damals noch in Reithose und Pulli und weit entfernt vom schwarzen Sakko". Dann die große Wende: Bedingt durch ihre Freundschaft mit der Tochter des Dressurreiters Dr. Uwe Schulten-Baumer fragte der „Doktor" – so sein Name in der Turnierszene – die damals 17-Jährige, ob sie nicht mal ein paar seiner Pferde reiten möchte. Viele große Erfolge, beispielsweise mit dem Fuchswallach ‚Gigolo', folgten: „Er war ein Pferd, das immer alles richtig machen wollte. Für mich der ideale Lehrmeister." Schon damals begann sie, ihre Küren perfekt auf das Pferd abzustimmen. So begann ‚Gigolo' – wie könnte es anders sein – mit dem Song-Klassiker „Just a Gigolo".

„Ich habe in meinem Reiterleben zweimal das Glück gehabt, zur richtigen Zeit den richtigen Menschen zu begegnen. Zuerst dem Doktor, dann Madeleine Winter-Schulze, die nicht nur meine Mäzenin, sondern meine Freundin ist." Natürlich gibt es auch einen Lebensmenschen – den Wirtschaftsmanager Wolfgang Urban, den die heute 50-Jährige nach Abschluss ihres Jurastudiums während ihrer Tätigkeit bei Karstadt kennengelernt hatte. Den gemeinsamen Sohn Frederik, mittlerweile zehn, bezeichnet sie als ihr „größtes Glück", auch wenn sie bis zu acht Pferde am Tag reitet: „Zeit für Frederik muss immer sein. Da setze ich Prioritäten." 14 Jahre dauerte die reiterliche Beziehung zu Dr. Schulten-Baumer, bis Madeleine Winter-Schulze und ihr Mann Dieter, damals auf der Suche nach nicht nur guten, sondern sehr guten Reitern für ihre Pferde, ins Leben von Isabell traten. ‚Satchmo', „Warum nicht" mit dem Spitznamen ‚Hannes', ‚Weihegold', ‚Bella Rose', ‚Emilio' und der zehnjährige Nachwuchs ‚Belantis' sind nur einige von vielen, mit denen sie die unter der Ägide des Doktors errungenen Erfolge noch optimieren konnte. „Wir kaufen Pferde auf Auktionen, vom Züchter oder auch auf Vermittlung eines Händlers. Oft werde ich von Bekannten auf ein Pferd aufmerksam gemacht. Oder ich entdecke es selber. Seit den Doktor-Zeiten, der seine Pferde stets in Verden kaufte, ist mir die dortige Hannoveraner-Auktion besonders

▲▲ Isabell Werth und ‚Emilio' bedanken sich in Hagen am Teutoburger Wald für den Beifall des begeisterten Publikums.
▲ Freundinnen: Isabell und ihre Mäzenin Madeleine Winter-Schulze, die selbstverständlich bei jedem Turnier dabei ist.
▸ Die Dressurissima bringt ihren ‚Emilio' zum Tanzen.

ans Herz gewachsen." Bei einem Pferd kommt es ihr weniger auf die Abstammung als auf die Ausstrahlung an: „Der Gesamtauftritt, die Bewegungen, die Rittigkeit – das sind meine Kriterien." In der Regel kaufen Isabell Werth und Madeleine Winter-Schulze ihre Pferde drei- oder vierjährig: „Sie sind dann noch relativ bezahlbar. Man muss sich ja darüber im Klaren sein, dass Spitzenpferde bei Auktionen mittlerweile schon fünf, sechs oder sogar siebenstellige Beträge erzielen. Leider kann man in den seltensten Fällen davon ausgehen, noch irgendwo ein Schnäppchen zu machen, aber wir versuchen, preislich immer die Kirche im Dorf zu lassen."

„ICH TRAUE MIR ZU, DASS ICH SCHON BEI EINEM DREIJÄHRIGEN PFERD, DAS NUR LONGIERT WIRD, ERKENNEN KANN, OB ES POTENZIAL ZU HÖHEREM HAT – VORAUSGESETZT, ES IST UND BLEIBT GESUND."

Wallach oder Stute – da macht Isabell Werth keinen Unterschied. „Früher waren Stuten ja fast verpönt. Absoluter Quatsch, die sind leistungsorientiert! Sie haben zwar einen gewissen Eigenwillen, aber den kann man positiv für sich nutzen. Ebenso kann ein Wallach ein Kämpfer sein." Mindestens zwei Turniere pro Monat reitet sie mit unterschiedlichen Pferden, ihr Favorit ist das CHIO in Aachen: „Die Mischung aus großem Sport, gesellschaftlichem Ereignis und einer fast volksfestähnlichen Atmosphäre ist unbeschreiblich", schwärmt sie. Aber nicht nur der meist siegreiche Start in Frack und Zylinder ist ausschlaggebend: „Ich bin jeden Tag dankbar, dass ich meine Passion zu meinem Beruf machen konnte. Die Arbeit mit den Pferden, zu sehen und zu fühlen, wie sie sich entwickeln, erfüllt mich mit Freude und Glück. Egal, ob es jetzt um einen Grand Prix geht oder darum, einfach meine Runden auf unserer Rennbahn zu drehen."

Isabells
TIPPS

Undercover

„Acht Pferde pro Tag – da kann es durchaus vorkommen, dass man sich wundreitet. Grundsätzlich trage ich nur klassische Baumwollunterhosen. Wenn es aber trotzdem zu aufgescheuerten Stellen kommt, benutze ich die Gesäßcreme von Sixtus oder die Schrundensalbe von Gehwohl. Kann ich bestens empfehlen – ich kenne mich da sehr gut aus."

Schwach kontra stark

„Ein starker Reiter kann mit unterschiedlichen, auch schwierigen Pferden zurechtkommen. Für einen eher schwächeren Reiter, damit meine ich nicht körperlich, sondern vom Können her, empfehle ich ein Pferd mit hoher Rittigkeit, das bereits mehr kann als der Reiter und ihm damit hilft. Ein Lehrmeister, so wie damals mein ‚Gigolo'."

KONZENTRATION

„Schon beim Abreiten merke ich, worauf ich in der Prüfung vermehrt achten muss. Vielleicht könnte es eine kleine Unstimmigkeit bei den Wechseln, in der Piaffe oder Passage geben? Auf alle Fälle bin ich so hochkonzentriert, dass im Kopf kein Platz mehr für Nervosität ist. Und wenn alle eventuellen Klippen im Viereck umschifft sind, möchte ich nur noch genießen."

WER WIEHERT
denn da?

Das vierbeinige Dutzend – die zwölf beliebtesten Reitpferderassen und ihre Eigenschaften

American Quarter Horse

ist eine Kreuzung aus den Pferden, die die ersten Siedler per Schiff nach Amerika brachten: beispielsweise Araber, Andalusier, irische Ponys. Ihren Namen verdanken sie nicht etwa ihrem „quadratisch-praktischen“ Körperbau, sondern der Teilnahme an den vor allem in den Südstaaten beliebten Quarter-Mile-Rennen, bei denen jeweils zwei Pferde gegeneinander antraten. Der bekannte Westerntrainer Jean-Claude Dysli (1935–2013), der einige Jahre als Cowboy in den USA arbeitete, brachte diese Rasse nach Europa, wo sie vor allem von Westernreitern geschätzt wird. Dressur- und Springreiter können weghören, aber Freizeitreiter aufgepasst: So ein nervenstarkes Quarter ist genau das Richtige! Und für alle, die lieber im Fernsehsessel als im Sattel sitzen: ‚Pilgrim‘ aus dem „Pferdeflüsterer“ war auch ein Quarter Horse.

PERFEKT FÜRS WESTERNREITEN: QUARTER HORSE ‚TACANA‘, LIEBLING IHRER BESITZERIN JULIA DEPPE.

VOLL IM TURNIERE-EINSATZ: EIN POLO ARGENTINO AUS DER ZUCHT VON VANESSA SCHOCKEMÖHLE.

Polo Argentino

ist eine Kreuzung aus argentinischem Arbeitspferd, dem Criollo und englischem Vollblut. Mit einer Größe von ca. 155 Zentimetern ist diese Rasse extrem wendig und zeichnet sich durch enorme Sprintkraft aus – Eigenschaften, die im Polosport maßgebend sind. Aber auch Freizeitreiter schätzen das Polopony, da es absolut geländesicher ist und auch Anfängerfehler verzeiht.

GROSS, GUT UND SCHÖN: DER OLDENBURGER ‚QUADRINO' UNTER SEINER BESITZERIN MARION RÖSCH.

Oldenburger

sind in der Regel langbeinige, großrahmige Pferde. Sie werden seit Anfang des 17. Jahrhunderts gezüchtet, ursprünglich als Kutschpferde. Besondere Erfolge im Dressursport konnte der als Zuchthengst hochgeschätzte ‚Donnerhall' erringen: Mit seiner Reiterin Karin Rehbein gewann er 65 internationale Grand-Prix-Wettbewerbe, als Nachkommen wurden ca. 450 Stuten und 100 gekörte Hengste registriert. 1998 erzielte das Fohlen ‚Deinhard' auf einer Auktion die Rekordsumme von 155 000 DM.

Shetland-Ponys

wurden ursprünglich auf den schottischen Shetland-Inseln gezüchtet und zu Beginn als Arbeitspferde in Berggruben eingesetzt. Stärke, Robustheit, aber oft auch Eigensinn zeichnen diese Rasse aus – vor allem für Kinder sind sie durch ihre „Kleinheit" (87–107 Zentimeter) sehr beliebt. Allerdings: Wer sich ein Shetty zulegt, sollte sich mit dem Gedanken vertraut machen, es später mal an andere Kinder zu vererben: Die Lebenserwartung liegt bei bis zu 40 Jahren.

LIEBLING ALLER KINDER: EIN SHETLAND-PONY ODER – WIE ALLE ES NENNEN – SHETTY.

Araber

werden bereits seit dem 7. Jahrhundert gezüchtet. Ihre Schnelligkeit verhilft ihnen vor allem im Galopprennsport zu großen Erfolgen. Typisch: der kleine Kopf mit breiter Stirn und das gerade oder konkave Profil sowie der kurze Rücken – oft haben diese Pferde statt der üblichen sechs nur fünf Lendenwirbel. Die hohe Kopfhaltung hat Arabern den Namen „Trinker der Lüfte" eingebracht, der wehende Schweif wird als Reminiszenz an ihren Entdecker Mohammed „Fahne des Propheten" genannt. Tipp: Durch ihren erhöhten Bewegungsdrang sind sie für klassische Boxenhaltung nicht geeignet. In einem Offenstall oder auf einer großen Koppel mit Schlechtwetter-Unterstand fühlen sie sich am wohlsten.

IM DIALOG MIT PFERDEVERSTEHERIN CAROLINE SPERLING: DER ARABER-HENGST ‚AJM SHIRASS'.

TALENT FÜR SHOWLEKTIONEN: PFERDE-FILMROLLEN WERDEN GERN MIT ANDALUSIERN BESETZT.

Andalusier

sind eine maximal 165 Zentimeter große spanische Warmblut-Rasse, die seit dem 15. Jahrhundert gezüchtet wird. Sie sind anmutig und sensibel und werden gern auf Pferdeshows eingesetzt, da sie ähnlich wie Lipizzaner und Lusitanos großes Talent für spektakuläre Dressurlektionen wie Piaff (Trab auf der Stelle) oder Kapriolen (Luftsprung) zeigen. Die lange, fließende Mähne macht diese Rasse vor allem als Frauenpferd beliebt. Und als Hollywoodstar: In den „Chroniken von Narnia" wurden die vierbeinigen Rollen mit Andalusiern besetzt.

„BLACK BEAUTIES“: DIE DURCHGEHEND SCHWARZEN FRIESEN SIND VOR ALLEM BEI FRAUEN BELIEBT.

Friesen

werden auch die „schwarzen Perlen unter den Pferden“ genannt, weil sie ausschließlich in dieser Farbe und ohne weiße Abzeichen gezüchtet werden. Besonderes Merkmal sind außerdem ihre lange Mähne und der üppige Fesselbehang, der jedoch regelmäßige Pflege verlangt. Wichtig ist, dass diese Pferde durchweg auf einem trockenen Boden stehen, da es sonst zu Hauterkrankungen in der Fesselbeuge kommen kann. Kutschpferd? Ja. Dressurpferd? Ja. Showpferd? Dreimal ja. Mit einem Friesen fällt man auf!

Hannoveraner

gehören zu den erfolgreichsten Pferden, vor allem in der Dressur. Zweimal jährlich findet in Verden an der Aller – im Herbst 2019 zum 70. Mal – eine Auktion statt, auf der die vielversprechendsten Jungpferde (in der Regel zwischen drei und fünf Jahre alt) angeboten werden. Sie erzielen durchaus Preise im sechsstelligen Bereich, manchmal sogar noch darüber. Ein Hannoveraner gilt als Rolls-Royce im Pferdesport, vor allem, wenn er den legendären Hengst ‚Weltmeyer‘ zu seinen Vorfahren zählen kann.

VERERBBARE ELEGANZ: DER HANNOVERANER-HENGST ‚FAHRENHEIT‘ VON ANJA PLÖNZKE.

Holsteiner

stammen aus dem Land zwischen den zwei Meeren. Sie wirken sehr athletisch und haben sich vor allem im Springsport auf höchster Ebene bewährt. Ursprünglich wurde diese Rasse im 14. Jahrhundert im Kloster Uetersen als Arbeitspferd gezüchtet, durch die Veredelung vor allem mit englischem Vollblut konnte sie an Eleganz und Ausstrahlung gewinnen. Der jungen Generation wohl kaum noch ein Begriff, aber für die Älteren unvergessen: ‚Meteor', der mit seinem Reiter Fritz Thiedemann bei den Olympischen Spielen 1952 in Helsinki die Einzel-Bronzemedaille gewann und damit der erste international berühmte Holsteiner wurde.

VOR ALLEM IM SPRINGSPORT ERFOLGREICH: DIE URSPRÜNGLICH ALS ARBEITSPFERD GEZÜCHTETEN HOLSTEINER.

AUSHÄNGESCHILD DER SPANISCHEN HOFREITSCHULE IN WIEN: DIE MILCHWEISSEN LIPIZZANER.

Lipizzaner

verdanken ihren Namen dem slowenischen Gestüt Lipica, seit 1786 ursprüngliche Pferdezuchtstätte der Habsburger Monarchie. Mittlerweile werden die für viele Bewunderer edelsten Pferde in Piber in der Weststeiermark gezüchtet. Bei der Geburt sind alle Pferde dunkel und wechseln erst zwischen sechs und zehn Jahren in ihre typische milchweiße Farbe über. Ein Must für alle pferdeliebenden Wien-Besucher: die Spanische Hofreitschule, wo die maximal 165 Zentimeter großen Pferde ihr Können in den Lektionen der sogenannten Hohen Schule zeigen. Typisch ist die bei Hengsten doppelte Namensgebung nach der Stammlinie des Vaters und dem der Mutter, beispielsweise ‚Maestoso Austria'.

AUSDAUERND UND ZÄH: VIELSEITIGKEITSREITERIN BARBARA FRIEDE LIEBT TRAKEHNER.

Trakehner

kommen ursprünglich aus dem Dorf Trakehnen im ehemaligen Ostpreußen und wurden seit dem 13. Jahrhundert als Militärpferde für die Deutschordensritter gezüchtet. Da seit Oktober 1944 dort keine Zucht mehr erfolgt, spricht man heute offiziell vom „Ostpreußischen Warmblut Trakehner Abstammung". Mit dem Ende des Zweiten Weltkriegs erreichte ein kleiner Bestandteil – 575 Stuten und 45 Hengste – mit Flüchtlingstrecks das Gebiet der späteren westlichen Besatzungszonen –, seit 1974 steht ein Originalabguss der Bronzestatue des legendären Hengstes „Tempelhüter" (1904–1933) vor dem Deutschen Pferdemuseum in Verden an der Aller. Aufgrund ihrer Härte und Ausdauer sind „Trakis" vor allem bei Vielseitigkeitsreitern beliebt.

Haflinger

sind ursprünglich in Österreich beheimatet und werden aufgrund ihrer hellen Fuchsfarbe und ihrer noch helleren Mähne auch „blonde Pferde" genannt. Durch ihre geringe Größe – nicht mehr als 148 Zentimeter – gelten sie als Pony und zählen vor allem Reitanfänger zu ihren Fans. Obwohl diese Rasse anfänglich dafür gezüchtet wurde, sich auf schmalen Gebirgspfaden trittsicher zu bewegen, trifft man sie mittlerweile auch im Dressurviereck an, vor allem mit Kindern oder zierlichen Frauen.

BLONDINEN BEVORZUGT: HAFLINGER BESTECHEN DURCH IHRE HONIGFARBE UND IHR NOCH HELLERES LANGHAAR.

Mit den

HUFEN GESCHARRT

Experten verraten Tipps, Tricks und ganz viel Wissenswertes für Ross und Reiter: Worauf man beim Pferdekauf achten sollte. Übungen für einen besseren Sitz im Sattel. Der richtige Hufbeschlag. Vorbereitung und der perfekte Look fürs Turnier. Und Feelgood-Empfehlungen, damit Ihr vierbeiniger Freund glücklich, zufrieden und gesund bleibt.

Pferde-
KNOW-HOW

NACHGEFRAGT BEI TURNIERREITER UND DRESSURAUSBILDER HOLGA FINKEN, HAGEN AM TEUTOBURGER WALD

Superhengst und Superstute – ist diese Paarung ein Qualitätsgarant?

Nicht 100-prozentig. Man kann Glück oder Pech haben.

Kann aus einer Springpferde-Abstammung auch ein Dressurtalent entstehen?

Das haben wir schon oft gehabt. Da sollte man sich beim Kauf nicht beeinflussen lassen. Es kommt lediglich darauf an, welches Bewegungspotenzial das Pferd hat.

Auf welche körperlichen Merkmale sollte man achten, wenn man ein Dressurpferd mit Perspektive sucht?

Es sollte kompakt sein, aber trotzdem die Anlage zu deutlicher Rahmenerweiterung haben, einen gut angesetzten, auf keinen Fall zu dünnen Hals, ein aktives Hinterbein. Wichtig ist auch die schräge Schulter, die für ausdrucksvolle und raumgreifende Bewegungen sorgt. Und man sollte darauf achten, dass das Pferd große gesunde Hufe, in der Reitersprache „Ostfriesenhufe" genannt, hat.

Welche Methode zum Anreiten empfehlen Sie?

Um dreijährige Pferde an Trense und Sattel zu gewöhnen, werden sie erst mal nur longiert. Man kann auch einen Kappzaum verwenden, das ist quasi eine Trense ohne Gebiss, etwas stabiler als ein Halfter. Wenn ich mich dann zum ersten Mal draufsetze, reite ich das Pferd am längeren Zügel vorwärts und achte darauf, dass es dabei den Hals fallen lässt. Wichtig sind auch Tempounterschiede in den einzelnen Gangarten. Große Pferde sind in der Regel etwas schlaksiger, die brauchen eine längere Entwicklungszeit. Aber man muss sich Zeit lassen: Weniger ist mehr. Das sogenannte „Kleine Einmaleins" ist die Basis aller Lektionen. Bei vierjährigen Dressurpferden, die schon ausbalancierter sind, kann man gelegentlich einen Außengalopp oder spielerisch Schenkelarbeit mit einbauen. Man beginnt, das Pferd zu gymnastizieren, das heißt elastischer zu machen. Vierjährige Springpferde können in Anfangsprüfungen starten. Da gilt es, vier bis fünf Sprünge von maximal 80 Zentimetern Höhe zu überwinden.

Was kann ein Reiter tun, um seinen Sitz zu verbessern?

Ich rate zu Übungen an der Longe. Dabei reitet man freihändig, um einen unabhängigen Sitz zu bekommen und das Gewicht gleichmäßig im Sattel zu balancieren. Auch Reiten ohne Bügel hilft, das Bein leicht und locker hängen zu lassen.

Wie bereitet man sich am besten auf ein Turnier vor?

Egal, in welcher Klasse man startet: Übung macht den Meister. Wichtig ist, dass korrekte Linien geritten werden, exakt von Punkt zu Punkt. Und gerade in der Dressur muss die Aufgabe natürlich sitzen. Hilfreich ist auch, wenn man öfter ein Video aufnehmen lässt, damit einem deutlich vor Augen geführt wird, was noch zu verbessern wäre.

EISERNE *Regeln*

NACHGEFRAGT BEI HUFSCHMIED HEINZ BREDDEMANN, BAD WURZACH

Warum braucht ein Pferd überhaupt Hufeisen?

Der Huf sollte vor Abrieb geschützt werden. Mein Lehrmeister hat mal gesagt: „Wo Horn fehlt, muss Eisen hin." Das bedeutet, dass man Mängel am Huf mit Eisen ausgleichen kann. Außerdem wächst Horn nie gleichmäßig nach, deshalb muss der Huf vor jedem Beschlag neu beurteilt werden. Ein Dressurpferd braucht auf alle Fälle hinten Eisen, weil bei den meisten Lektionen die Hinterhand mehr belastet wird. Bei einem Springpferd kann man davon ausgehen, dass die Prüfungen auch mal auf Rasenplätzen stattfinden – also sollte man Stollen in die Eisen einschrauben, um Rutschgefahr zu vermeiden. Und auch Freizeitreiter, die nur im Gelände unterwegs sind, müssen damit rechnen, dass mal kleine Steine auf dem Weg liegen. Hier schützen Eisen.

Wie oft sollte ein Pferd beschlagen werden?

Spätestens alle sechs Wochen. Sollte es aber Probleme wie beispielsweise brüchige Hufe geben, ist es empfehlenswert, mit dem Schmied in Kontakt zu bleiben und die Intervallzeit eventuell zu verkürzen. Beziehungsweise nach individuellen Lösungen zu suchen.

Wann beschlägt man heiß, wann kalt?

Grundsätzlich kann man ein erwärmtes Eisen besser an den Huf anpassen, das ist vergleichbar mit einer Maßanfertigung. Bei empfindlichen oder ängstlichen Pferden, die auf das Zischgeräusch reagieren, ist es ratsamer, kalt zu beschlagen.

Wann empfiehlt sich ein Beschlag mit Ledersohle?

Wenn das Horn zu sehr abgenutzt ist, baut man in das Eisen Lederplatten ein, um dem Pferd die Schmerzen zu erleichtern. Sie wirken dann wie ein Polster.

Warum verlieren viele Pferde beim Koppelgang ein Eisen?

Das kann passieren, wenn sie übermütig sind und rennen. Aber auch beim Fressen: Der Kopf zieht das Gewicht des vorderen Körpers nach unten, da ist es schon mal möglich, dass die Hinterbeine in die Vordereisen treten und sich dabei eins löst. Denn die Eisen sollten immer etwas größer sein als der Huf, weil dieser in der Wachstumsphase breiter wird. Im Übrigen sollte man ein Eisen nicht danach beurteilen, wie lange es hält – viel wichtiger ist, dass die Nägel das Horn nicht verletzen.

PERFEKT GESTYLT

aufs Turnier

NACHGEFRAGT BEI BEREITERIN DOMENIKA ISSING, RIESENBECK

Wie lernt man, aus der Pferdemähne die schönsten Zöpfe zu flechten?

Bei Dressurpferden ist es zurzeit angesagt, die Langhaare am Hals je nach Mähnendichte zu ca. sieben Knoten zu frisieren. Dazu werden in regelmäßigen Abständen Zöpfe geflochten und unten mit einem Gummi fixiert. Dann den Zopf mehrfach zu einem Knoten oder einer Rosette einrollen. Je höher man ihn ansetzt, desto mehr wird die Halslinie betont. Mit der linken Hand festhalten und mit einer dicken stumpfen Nähnadel, durch die festes Garn gezogen wurde, so oft durchstechen, bis das Röschen gut sitzt. Das Garnende knoten und abschneiden. Schnellverfahren: den Knoten mit einer Haarnadel durchstechen, die Enden nach rechts und links biegen und im Haaransatz verstecken. Wichtig ist, dass immer zur Mähnenfarbe passendes Garn benutzt wird. Anders bei Springpferden: Hier werden möglichst viele dünne Zöpfe geflochten – mitunter bis zu 30 Stück – und nicht auf, sondern am Hals entlang zu kleinen Knötchen gerollt und mit Gummiband fixiert.

Was gehört zur Turnierausrüstung des Pferdes?

Zuerst einmal sollten Sattel und Zaumzeug gründlich geputzt sein.

DANN BRAUCHT MAN: weiße Gamaschen, weiße Bandagen (eventuell für die Siegerehrung), weiße Schabracken (eventuell zum Wechseln), falls man in mehreren Prüfungen startet, Kopfnummern, im Sommer Fliegenmützchen, Putz- und Pflegemittel, Handtücher, Feuchttücher, je nach Saison eine Fliegen- beziehungsweise Abschwitzdecke, Halfter und Strick, Heunetz, Wassereimer und natürlich zur Belohnung Leckerlis.

Und was braucht der Reiter?

VON OBEN NACH UNTEN: Reithelm beziehungsweise Zylinder in Schwarz oder Dunkelblau, Sakko oder Frack (Frack erst ab S-Dressur) ebenfalls in Schwarz oder Dunkelblau, Turnierbluse mit Stehkragen, darüber ein weißes Plastron, weiße Reithose mit Gürtel (für alle Fälle eine zweite dabeihaben), Stiefel in Schwarz oder Dunkelblau, dünne Kniestrümpfe, weiße Handschuhe, Sporen und Gerte. Auch beim Springen sollte man einem Sakko in gedeckten Farben den Vorzug geben, obwohl die Brasilianer mittlerweile schon in Gelb an den Start gehen.

Wie gelingt der perfekte Dressurchignon?

Lange Haare zu einem tief sitzenden Pferdeschwanz binden und durch ein Duttkissen ziehen. Mit Haarnadeln oder einem Zopfgummi fixieren.

Gesundheits- CHECK

NACHGEFRAGT BEI DER AUF PFERDE SPEZIALISIERTEN TIERÄRZTIN DR. WIBKE WALDERS, PFERDEKLINIK WOLFESING

Worauf sollte man bei einer Ankaufsuntersuchung auf jeden Fall achten?

Die Untersuchung sollte unbedingt von einem Tierarzt durchgeführt werden, den der Käufer bestimmt – schließlich trägt dieser auch die Kosten. Dazu gehört der sogenannte klinische Befund mit Vortraben auf hartem und weichem Boden, auf gerader und gebogener Linie. Die Stellung der Beine sowie die Symmetrie der Hufe. Herz und Lunge sollten vor und nach Belastung überprüft werden. Hat sich bei der klinischen Untersuchung etwas Auffälliges ergeben, ist dringend zu raten, das Pferd an den entsprechenden Stellen zu röntgen. Wird dabei ein Chip entdeckt – das ist eine Knochenabsprengung, die in jedem Gelenk der Vorder- und Hinterbeine entstehen kann –, sollte man sich nicht sofort zu einer Operation entschließen, da jeder Eingriff dieser Art auch ein Risiko birgt. Es kommt ganz auf die Lage des Chips an. Manche Pferde können damit durchaus ein hohes Alter erreichen, ohne dass es jemals Komplikationen gegeben hat.

Wie oft sollte man die Zähne untersuchen lassen?

Zweimal im Jahr wäre optimal, wenn aber Fehlstellungen, beispielsweise sogenannte Wellen im Bereich der Backenzähne festgestellt werden, sollte man einen auf Zahnheilkunde spezialisierten Tierarzt öfter kommen lassen.

Mein Pferd reagiert auf Klimaunterschiede und wirkt matt. Hilft es, das Futter zu ändern?

Gut sind weißdornhaltige Ergänzungsmittel, weil sie den Kreislauf unterstützen. Sie sind homöopathisch und somit auf jeden Fall ungefährlich. Auch nasses Heu und flüssiger als normal zubereitetes Mash helfen, die Verbrennung der Nahrung zu unterstützen.

Was sollte man bei Koppelgang im Sommer beachten?

Schimmel und auch Pferde, die viel Weiß am Kopf haben, sind genau wie hellhäutige Menschen anfällig für Sonnenbrand. Deshalb ist durchaus empfehlenswert, sie mit einem Sonnenschutz LSF 30 oder 50 einzucremen. Zusätzlich ist ein Spray gegen Insekten ratsam beziehungsweise ein Augenschutz und eine sogenannte Fliegendecke. Um Verletzungen an den Beinen vorzubeugen, sollte man die Pferde immer mit Schutzgamaschen auf die Koppel stellen.

Auch Pferde können an Krebs erkranken. Woran erkennt man das?

Gerade bei Schimmeln gibt es bösartige Melanome, auf oder unter der Haut, am After oder unter der Schweifrübe. Lymphome sind eher selten. Ein oft warzenähnliches equines Sarkoid ist vergleichsweise harmlos, weil es nicht auf die Organe streut.

Was signalisiert stumpfes Fell?

Fast immer das Equine Cushing Syndrom (ECS), das vor allem bei älteren Pferden eine Hormonstörung andeutet. Ursache können Zinkmangel und Unterversorgung mit Fettsäuren sein. Auf jeden Fall sollte der Tierarzt konsultiert werden.

Wie reitet man ein Pferd nach längerer Krankheitspause wieder an?

Zuerst sollte man ca. 45 Minuten Schritt reiten, nach einigen Wochen können auch lange Seiten getrabt werden. Es ist aber auf jeden Fall empfehlenswert, den genauen Aufbauplan nicht nach eigenem Gutdünken, sondern nach Absprache mit dem Tierarzt zu gestalten.

▲ Die nächste Generation wächst heran: Peter Kempkens mit seinem elfjährigen Sohn Jan.

▼ Color-Couture: Bei Maßstiefeln ist alles möglich.

Stiefel-ELITE

These boots are made for riding: Seit 1881 fertigt Familie Kempkens in Krefeld Reitstiefel an, ursprünglich für Husaren und Soldaten. In vierter Generation führen heute Peter Kempkens und seine Frau Nina, beide aktive Reiter und deshalb bestens damit vertraut, „wo eventuell der Schuh drückt", das Unternehmen. Regina Stahl, seit etwa 20 Jahren selbst treue Kempkens-Kundin, traf den Meister der Maßarbeit beim Horses-&-Dreams-Turnier in Hagen am Teutoburger Wald. Und fragte mal nach, was einen Schuh-Rolls-Royce auszeichnet.

Wie entsteht ein Maßstiefel?

Zuerst einmal wird jedes Bein von Fuß bis Knie exakt vermessen. Beispielsweise Fußlänge, Ballen- und Spannweite, Knöchel- und Waden- und Unterknieumfang, Abstand Sohle bis Knie. Nach diesen Maßen werden Holzrohlinge angefertigt, die für Nachbestellungen immer in unserem Atelier bleiben. Auf diese Rohlinge wird dann das vorher in Wasser eingeweichte Leder gezogen und verbleibt dort ca. eine Woche, bis es getrocknet ist. So können wir garantieren, dass es dauerhaft seine Form behält.

WELCHE LEDERARTEN VERWENDEN SIE?

— Am gefragtesten ist Boxcalfleder, das in Deutschland gegerbt wird. Wir verwenden eine besonders hochwertige Qualität, der Quadratmeter kostet 130 Euro. Nur zum Vergleich: Es gibt auch Lederarten für ca. 25 Euro – aber das macht dann eben den Unterschied aus. Seit einiger Zeit bieten wir auch Wildleder an. Das hat sich als sehr beliebt erwiesen, da es schnell und einfach mit einer Wurzelbürste zu pflegen ist. Man muss sich aber darüber im Klaren sein, dass die Farbe mit der Zeit ausbleicht.

WELCHES SIND DENN DIE BELIEBTESTEN FARBEN?

— Favorit ist nach wie vor Schwarz, gefolgt von Brauntönen wie Schoko oder Cognac, dann Dunkelblau, Bordeaux. Ein Newcomer, der sehr gut ankommt, ist Grau. Fürs Turnier gibt es jeweils auch die Lackvarianten.

WORIN UNTERSCHEIDEN SICH DRESSUR- UND SPRINGSTIEFEL?

— Dressurstiefel sind auf der Außenseite verstärkt, damit sie besser in Form bleiben und mehr Halt bieten. Springstiefel sind rundum weicher, da es bei dieser Disziplin nicht auf ein lang gestrecktes, sondern eher bewegliches Bein ankommt.

WIE HAT SICH DIE REITSTIEFELMODE IN DEN LETZTEN JAHREN/JAHRZEHNTEN VERÄNDERT?

— Der Schaft ist länger geworden. Früher hatte er oben einen geraden Abschluss, inzwischen endet die Außenseite in einem Schwung nach oben, damit das Bein optisch länger wirkt. Erinnerte der Stiefelschaft früher an ein Rohr, ist er heute taillierter geschnitten. Und dank der Reißverschlüsse ist auch eine bequemere Art des Anziehens dazugekommen: Bei Dressurstiefeln sitzen sie auf der vorderen Innenseite und sind für den Betrachter unsichtbar, bei Springstiefeln werden sie hinten angebracht, um den Knöchelbereich enger erscheinen zu lassen, vergleichbar zu einem Strumpf. Gerade bei Reitern, die mehrere Stunden am Tag auf dem Pferd sitzen, erfreuen sich Stiefel mit Verschnürung großer Beliebtheit, weil man damit die Schaftweite regulieren kann. Bei neuen Stiefeln braucht man dafür ungefähr eine Minute, wenn die aber erst eingetragen sind, geht das in 20 Sekunden.

WELCHE REPARATUREN SIND MÖGLICH?

— Alles ist machbar. Man kann einen Stiefel sogar weiter oder enger machen. Man kann den Reißverschluss, die Sohle und den Absatz und sogar die Innenseite erneuern.

WIE PFLEGT MAN REITSTIEFEL AM BESTEN?

— Nach dem Reiten sollte man bei Boxcalfstiefeln den Pferdeschweiß mit Wasser abwaschen, einmal Eincremen pro Woche reicht. Allerdings sollte man darauf achten, dass die Schuhcreme einen hohen Bienenwachsanteil enthält. Auch Lackleder lässt sich ganz einfach abwaschen. Zur Pflege empfehle ich Burgol-Creme.

MIT WELCHEN ANSCHAFFUNGSKOSTEN MUSS MAN RECHNEN?

— Unsere preiswertesten Modelle beginnen bei 790 Euro. Das sind schlichte schwarze Stiefel ohne Reißverschluss und sonstige Extras. Nach oben ist dann alles offen.

WAS WAR DENN IHR AUSGEFALLENSTER AUFTRAG?

— Dunkelblaue Lackstiefel, am Schaft mit bunten Blumen bestickt. Die hatte sich Dressurreiterin Sanneke Rothenberger als Teenager gewünscht. Weil sie auf Facebook Fotos davon gepostet hat, darf ich auch den Namen verraten.

IST EIN MASSSTIEFEL EINE ANSCHAFFUNG FÜRS LEBEN?

— Das kommt auf den Verschleiß drauf an. Ich habe aber Kunden, beispielsweise Isabell Werth, die hat seit 30 Jahren ein Paar Stiefel, die sie nur zu Championaten trägt. Da ist sie total abergläubisch.

REITER-KNIGGE

Do's und Don'ts, die man beherzigen sollte – vor allem, wenn man keinen eigenen Hof hat, sondern als Reiter, Reitbeteiligung oder Einsteller in einer Anlage ist. Sieben „Goldene Regeln", vor allem für Newcomer.

1 Sie kommen neu auf einen Reiterhof. Erzählen Sie nicht, wie toll Sie sich finden, sondern stellen Sie sich – gegebenenfalls auch Ihr Pferd – erst einmal vor. Und vor allem, behandeln Sie das Pflegepersonal freundlich. Das sind keine Untergebenen, sondern Menschen, die von früh bis spät dafür sorgen, dass es Ihrem Pferd gut geht. Wer es besonders nett meinen will, kann auch zu einem kleinen Umtrunk auf der Stallgasse oder dem Hofgelände einladen. Oder zu Kaffee und Kuchen, der gar nicht unbedingt selbst gebacken sein muss.

2 Bieten Sie Ihre Hilfe an: Viele Vereine führen Turniere durch und suchen händeringend nach Personen, die Protokolle schreiben, Ansagen machen, die Richter mit Getränken und Snacks versorgen. Wenn Ihnen dazu die Zeit fehlt: Auch Geldspenden werden gern genommen.

3 Rufen Sie beim Betreten der Reithalle „Tür frei, bitte" und warten Sie, bis einer der anderen Reiter „Ist frei" geantwortet hat, bevor Sie mit Ihrem Pferd kommen. Das gehört zu den Gepflogenheiten des Reitsports. Genauso wie der Reiter, der auf der linken Hand, also linksherum reitet, immer „Vorfahrt" hat – ihm muss ausgewichen werden.

4 Beim Verlassen der Halle sollte immer abgemistet werden. Das bedeutet, dass derjenige, der zuerst von seinem Pferd absitzt, mit den eigentlich in jeder Halle bereitstehenden Gerätschaften Pferdeäpfel einsammelt.

5 Alles, was flattert, gehört nicht aufs Pferd. Das heißt: Lange Haare sollten zu einem Pferdeschwanz oder einem duttähnlichen Chignon zusammengebunden werden. Auch wenn es noch so chic ist: weite Rüschenhemden lieber im Alltag tragen – für Viereck oder Parcours sind Polohemden, T-Shirts oder in der kälteren Jahreszeit schmal geschnittene Oberteile angebrachter, weil der Coach somit auch die Körperhaltung besser überprüfen kann.

6 Weiße Reithosen gehören definitiv nur aufs Turnier. Auch wenn man weiße Jeans im Alltag liebt, sollte man im täglichen Reiterleben davon Abstand nehmen. Es ist ein absolutes No-Go!

7 Fragen Sie keinen anderen Reiter danach, was sein Pferd gekostet hat. Und protzen Sie auch nicht damit, wie viel Sie ausgegeben haben. Immer bedenken: In Reiterkreisen redet man ungern über Geld. Einzige Ausnahme: von Verkäufer zu Käufer.

Reitsport im großen STIL

Eine Übersicht der interessantesten und vor allem international besetzten Turniere in Deutschland, Österreich und der Schweiz. Auch wenn Sie nicht mitreiten – es lohnt sich auf alle Fälle, eine (oder auch mehrere) Eintrittskarten zu erwerben. Und wenn Sie nicht am Ort des Geschehens wohnen: rechtzeitig daran denken, ein Hotel in der Nähe zu reservieren. Die meisten sind schon auf Jahre im Voraus ausgebucht.

JANUAR

CSI BASEL
Veranstaltungsort: Basel, Schweiz
csi-basel.ch

FEBRUAR

VR CLASSICS NEUMÜNSTER
Veranstaltungsort: Neumünster
reitturnier-neumuenster.de

APRIL

Eröffnung der „Grünen Saison" – es wird erstmalig im Freien geritten:

HORSES-&-DREAMS HAGEN A.T.W.
Veranstaltungsort: Hagen am Teutoburger Wald
horses-and-dreams.de

MAI/JUNI

Die Termine variieren je nach Christi Himmelfahrt beziehungsweise Pfingsten:

HAMBURGER DERBY
Veranstaltungsort: Hamburg Klein Flottbek
hamburgderby.de

PFERD INTERNATIONAL
Veranstaltungsort: München-Riem
pferdinternational.de

PFINGSTTURNIER WIESBADEN
Veranstaltungsort: Biebricher Schlosspark, Wiesbaden
wiesbaden.de/pfingstturnier

JULIUS BÄR BEACH POLO WORLD CUP
Veranstaltungsort: Hörnum auf Sylt
polosylt.de

BALVE OPTIMUM
Veranstaltungsort: Schloss Wocklum, Balve
balve-optimum.de

DRESSURFESTIVAL „DER RITT UM DAS GOLDENE PFERD"
Veranstaltungsort: Gestüt Bonhomme, Werder
gestuet-bonhomme.de

DRESSURGALA HEROLDSBERG
Veranstaltungsort: Heroldsberg
dressurgala-heroldsberg.de

MANFRED & HILDE SWAROVSKI GEDÄCHTNISTURNIER
Veranstaltungsort: Schindlhof, Fritzens, Österreich
schindlhof.at

JULI

CHIO AACHEN
Veranstaltungsort: Aachener Soers
chioaachen.de

JULI/AUGUST

BERENBERG GERMAN POLO MASTERS
Veranstaltungsort: Keitum-Siidik auf Sylt
polosylt.de/Berenberg-German-Polo-Masters

AUGUST

VERDEN INTERNATIONAL
Veranstaltungsort: Verden
verden-turnier.de

INTERNATIONALES S.D. FÜRST JOACHIM ZU FÜRSTENBERG-GEDÄCHTNISTURNIER
Veranstaltungsort: Schlosspark Donaueschingen
donaueschingen.de

SEPTEMBER/OKTOBER

BUNDESCHAMPIONATE WARENDORF
Veranstaltungsort: Warendorf
pferd-aktuell.de/bundeschampionate

CHIEMSEE PFERDEFESTIVAL
Veranstaltungsort: Gut Ising, Chieming
chiemseepferdefestival.de

NOVEMBER

STUTTGART GERMAN MASTERS
Veranstaltungsort: Hanns-Martin-Schleyer-Halle, Stuttgart
stuttgart-german-masters.de

MUNICH INDOORS
Veranstaltungsort: Olympiahalle, München
munich-indoors.de

DEZEMBER

INTERNATIONALES FESTHALLEN REITTURNIER
Veranstaltungsort: Festhalle, Frankfurt am Main
festhallenreitturnier-frankfurt.com

WAS PASSIERT
da eigentlich?

Für Reiterinnen mit Turnierambitionen gibt es entweder die Beratung durch den Trainer oder die entsprechende Lektüre über den FNVerlag.de. Für Zuschauer, die interessierte Laien sind, werden an dieser Stelle folgende Fragen beantwortet: Worum geht's hier? Woran erkennt man die Unterschiede in den einzelnen Disziplinen? Ein Guide für Dressur und Springen von E wie Einsteiger bis S wie Schwere Klasse – damit Sie beim nächsten Turnier nicht nur staunen, sondern auch mitreden können. Da jedoch die Reglements fast von Jahr zu Jahr neu festgelegt werden, kann es sein, dass es hier und da minimale Abweichungen gibt.

E(insteiger)-Dressur

Wird in einer Abteilung mit maximal vier Reitern geritten. An Lektionen werden Mittelschritt sowie Trab und Galopp im Arbeitstempo verlangt.

A(nfänger)-Dressur

Zusätzlich zu den bereits in der E-Dressur abgefragten Lektionen werden Mitteltrab und Mittelgalopp abverlangt sowie Zirkel, Schlangenlinien durch die Bahn und 10-Meter-Volten im Trab.

L(eichte)-Dressur

Im Vergleich zur Klasse A werden hier versammelte Gangarten gefordert, sowohl im Trab als auch im Galopp. Neu hinzu kommen der Außengalopp, der einfache Galoppwechsel (über Schritt), Kurzkehrt- und Hinterhandwendung sowie Rückwärtsrichten. Volten werden auch im Galopp geritten. Und: Je nach Ausschreibung werden Trense oder Kandare verlangt.

M(ittelschwere)-Dressur

Hier werden jetzt auch Starker Schritt, Starker Trab und Starker Galopp verlangt, dazu Schrittpirouetten sowie Seitengänge wie Schulterherein, Travers, Renvers und Traversalen im Trab. Ein weiteres Highlight in Richtung Schwere Klasse: der Fliegende Galoppwechsel, der quasi in der Luft vollzogen wird.

S(chwere)-Dressur

Jetzt wird's kompliziert: Man unterscheidet zwischen S*, S** und S***. S* bedeutet leichte S-Lektionen, die bis zum Prix St. Georges führen können. Neue Lektionen sind Traversalen im Galopp, halbe Galopppirouetten und Serienwechsel zu vier und drei Sprüngen. Bei einer S** wird zusätzlich die Intermediaire I geritten, bei der zusätzlich zu den bereits aufgeführten Lektionen ganze Pirouetten und Galoppwechsel zu zwei Sprüngen gezeigt werden sollen. Ab S*** (Intermediaire II, Grand Prix und Grand Prix Spécial) stellen Piaff, Passage und Einerwechsel neue Anforderungen.

Kür

Ein Augen- und Ohrenschmaus für Genießer, besonders auf Grand-Prix-Niveau: High-End-Lektionen werden zu einer eigens zusammengestellten Musikabfolge geritten oder fast schon getanzt. Bewertet werden sowohl Korrektheit als auch künstlerische Interpretation.

SPRINGEN

E-Springen

Höhe: bis 0,85 Meter
1 zweifache Kombination

A-Springen

Höhe: 0,95 bis 1,05 Meter
2 zweifache Kombinationen
Wassergrabenweite: 2,50 Meter

L-Springen

Höhe: 1,15 Meter
2 zweifache Kombinationen, 1 dreifache
Wassergrabenweite: 3 Meter

M-Springen

Höhe: 1,25 bis 1,35 Meter
2 zweifache Kombinationen, 1 dreifache
Wassergrabenweite: 3,50 bis 4 Meter

S-Springen

Höhe: 1,40 bis 1,55 Meter
Die Anzahl der Kombinationen ist nicht vorgegeben, der Parcours muss aber aus mindestens neun Hindernissen bestehen
Wassergrabenweite: 4,10 bis 4,50 Meter

WO *finde ich* WAS?

Alles, was Reiterinnen interessiert: der optimale Stall, der Weg zum eigenen Hof, Ferien im Sattel, Shopping für Ross und Reiter. Plus: eine Übersicht der besten Auktionen in Deutschland. Auch wenn man nichts kauft – allein die prickelnde Atmosphäre ist einen Besuch wert.

Welcher Stall passt zu mir?

Aus eigener Erfahrung: Das kann man nicht verallgemeinern. Erste Überlegung: Wie lange darf die Anfahrtszeit betragen? Muss ich mich – berufsbedingt – auf eine Anlage konzentrieren, die in der Nähe meines Wohnorts liegt, oder kann ich mir erlauben, auch ein bisschen länger unterwegs zu sein? Wenn eine Auswahl getroffen ist, würde ich immer sämtliche Optionen anschauen, und zwar nach folgenden Kriterien: Welche Möglichkeiten werden meinem Pferd geboten? Gibt es Paddocks und/oder Koppeln? Wie groß und hell sind die Boxen (möglichst mit Fenster)? Wie gut ist die Einstreu? Welche Reitmöglichkeiten (Halle, Außenplätze, Gelände zum Ausreiten) gibt es? Und denken Sie auch mal an sich: Setzen Sie sich auf die Zuschauertribüne und/oder ins Reiterstübchen und beobachten Sie Ihre zukünftigen Reiterkollegen. Vielleicht ergibt sich ja – bei einem Kaffee – auch schon ein Gespräch, bei dem Sie raushören können, welche Optionen für Unterricht, weitere Förderung und eventuelle Reitbeteiligungen möglich sind. Alles im grünen Bereich? Leider manchmal nicht sofort, den je attraktiver eine Reitanlage ist, desto länger die Warteliste.

Endlich Hofherrin?

Über Immoscout können Sie ins Träumen geraten: Derzeit werden quer durch Deutschland verteilt an die 100 Reitanlagen angeboten. Die preiswertesten liegen knapp unter einer Million Euro, die meisten wesentlich darüber. Wenn Sie sich darauf einlassen und zu einem Besichtigungstermin entschließen: nicht von der Romantik einlullen lassen. In welchem Zustand sind Haus und Hof? Vor allem die Boxen? Gibt es Paddocks und Koppeln? Falls nicht: Ist das Gelände weitläufig genug, um welche zu errichten? Wie weit ist es zum nächsten Ort? Welche Tierärzte sind in der Nähe? Falls nicht vorhanden: Wäre es erlaubt, eine Reithalle zu bauen (im Winter sehr nützlich)?

Reisen und Reiten

Über *reiten-weltweit.de* finden Sie Angebote von der Nordsee bis zu den Alpen – von ländlich-sittlich bis luxuriös. Speziell für alle, die hauptsächlich Spaß am Ausreiten haben und dabei auch noch ein neues Land kennenlernen wollen, gibt es Reittouren und Pferdesafaris, beispielsweise in Portugal, Frankreich, Irland oder Namibia: *pferdreiter.de, reiterreisen.com*

Shopping-Tour

Übers Internet finden Sie eine Auflistung von privat geführten Geschäften für Reitsportartikel. In den meisten Fällen sind die Inhaber selbst Reiter und können Sie bestens beraten. Daneben gibt es auch sogenannte Pferdekaufhäuser wie Loesdau oder Krämer, die ihre Standorte in verschiedenen Ortschaften haben, bei denen man aber auch online bestellen kann: *loesdau.de, kraemer.de*

DER ZUSCHLAG *geht an …*

… vielleicht Sie? Eine Übersicht der wichtigsten Reitpferdeauktionen, die jeweils im Frühjahr und im Herbst stattfinden. Darüber hinaus gibt es sogenannte Summer Sales, auf denen man – im Gegensatz zu den Elite-Auktionen – schon mal ein „Schnäppchen" ersteigern kann. Näheres unter: equi.auction/de/home

HANNOVERANER:
Verdener Auktion
hannoveraner.com

HOLSTEINER:
Auktion in Elmshorn
holsteiner-verband.de

OLDENBURGER:
Elite-Auktion in Vechta
oldenburger-pferde.net

TRAKEHNER:
Hengstmarkt mit Auktion
trakehner-verband.de

WESTFALEN:
Elite-Auktion in Münster
westfalenpferde.de

PRIVATE AUKTIONEN MIT HOCHKARÄTIGEM ANGEBOT:

Herbstauktion in
Bad Bevensen
klosterhof-medingen.de

LAST, BUT NOT LEAST:

Die P.S.I.-Auktion von
Ullrich Kasselmann und
Paul Schockemöhle,
alljährlich Anfang
Dezember in Ankum
psi-auktion.de

HERZLICHEN DANK AN

Vera Fuhrmann für Zugang zu den VIP-Bereichen bei „Pferd International“ in München

*

Meine Lektorin Anne Funck für immer wieder aufmunternde Worte und ihre Bemühungen, „Reiterdeutsch“ zu lernen

*

Meine Coaches Ferdinand Csaki und Markus Gärtner für allmorgendlichen Beistand

*

Astrid Gübler für ihre Unterstützung in der Zusammenarbeit mit Ann Kathrin Linsenhoff

*

Meine Freundin Heide Hildebrand für die Recherchen zum Thema „Pferderassen“

*

Merry Ingensand vom Team Isabell Werth und meine Freundin Tania Miglietti für die Hilfe, den Italienisch-Text bei ‚Emilios‘ Kür zu entziffern

*

Bianca Kasselmann für die VIP-Bändchen, die Brita Sönnichsen und mir Zugang zu sämtlichen Bereichen des Turniers Horses-&-Dreams in Hagen am Teutoburger Wald ermöglicht haben

*

Klaus Plönzke für ein wunderbares Frühstück auf dem Tannenhof

*

Phoebe E. Rohn für Akkreditierung beim Horses-&-Dreams-Turnier in Hagen am Teutoburger Wald

*

Meine Reiterkollegin Ulla Schlattmann für ihre Hilfe bei der Definition der S-Dressur-Prüfungen

*

Meine Freundin Rita Schockemöhle für den spontanen Champagner-Empfang

*

Den Vorstand des Reit- und Fahrvereins Neu-Isenburg, dass wir Marie Tischer auf dem Rasenplatz fotografieren durften

*

Meinen Pferdepfleger Günter Wagner, auf den einfach immer Verlass ist

*

Mein Kino-Team Doris und Tania, das vor allem in den letzten Wochen auf meine Anwesenheit verzichten musste

CALLWEY
SEIT 1884

Streitfeldstraße 35, 81673 München
buch@callwey.de
Tel.: +49 89 436 00 50
www.callwey.de

Wir sehen uns auf Instagram:
www.instagram.com/callwey

ISBN 978-3-7667-2444-1
2. Auflage 2020

DIE AUTORIN

Die ehemalige Mode- und Beauty-Chefin der deutschen „Vogue" **Regina Stahl** startet seit ihrer Kindheit jeden Tag auf dem Rücken ihres Pferdes. Im Herbst 2018 veröffentlichte Regina Stahl das Buch „Zu Gast auf Sylt" im Callwey Verlag.

DIE FOTOGRAFINNEN

Brita Sönnichsen arbeitet für Magazine, genauso wie für große Werbekunden und hat sich auf Lifestyle und Interior spezialisiert. „Vom Glück mit Pferden zu leben" ist ihr fünftes Buch im Callwey Verlag.

Sonja Tobias lebt in Hamburg und arbeitet als Fotografin für Kunden aus den Bereichen Werbung, Redaktionen, Verlage und Musik. Mit ihrer aufmerksamen Art, Menschen wahrzunehmen, produziert sie außergewöhnlich echte und offene Fotografien.

FOTOCREDIT

S. 64 unten, S. 65 sowie 66–67: Anita Vollenweider
S. 206–208, S. 210 unten, S. 213: Barbara Schnell
S. 218 unten: andalusische-pferde.de/Elke Sonntag
S. 220 oben: Shutterstock/pfluegler-photo
S. 220 unten: Getty Images/Alexander Klein
S. 221 unten: Shutterstock/Bildagentur Zoonar GmbH
Vorsatz-/Nachsatzpapier/S. 1: Unsplash, Kenny Webster

HINTER DEN KULISSEN

Als Brita das Stahl'sche Trio fotografierte, waren wir schon ein gutes Team. Als ‚Airforce' (links) letzten Winter neu in die Reitakademie kam, führte sich ‚Ribadeo' als Platzhirsch auf: „Wie, da kommt einer neu dazu und sieht auch noch so ähnlich aus wie ich?" Mittlerweile sind die beiden zwar noch nicht Best, aber immerhin Good Friends. Man wiehert sich an … und findet Fotografieren toll.

Bei der Materialauswahl und den Möglichkeiten der Buch-Veredelung überlässt das Callwey-Team nichts dem Zufall. Denn dieser ganz besondere Inhalt soll nicht nur schön gedruckt werden, die Buchseiten müssen sich auch gut anfühlen. Beim Inhaltspapier dieses Buches haben wir uns für ein Magno matt in 150 g/m² entschieden – ein matt gestrichenes Bilderdruckpapier. Dessen Oberfläche gibt unseren Bildern den gewünschten Charakter und bringt die bekannte Callwey-Bildsprache optimal zur Geltung. Der Einband des Buches wird durch eine UV-Spotlackierung optisch zum Highlight. Dieses Buch wurde in Deutschland gedruckt und gebunden bei optimal media GmbH in Röbel / Müritz.

VIEL FREUDE MIT DIESEM BUCH WÜNSCHEN IHNEN:

PROJEKTLEITUNG: Raffaela Reif
LEKTORAT: Büro Anne Funck, München
KORREKTORAT: Constanze Lüdicke
GRAFISCHE GESTALTUNG & SATZ:
Claudia Eder, Schönburg
HERSTELLUNG:
Oliver Meier

CALLWEY
MIT LIEBE UND SORGFALT BEGLEITET VON
R. Reif
SEIT 1884